畠山武道　井口博　編

環境影響評価法実務

＊ 環境アセスメントの総合的研究 ＊

信 山 社

畠山武道　井口博　編
環境影響評価法実務

目　　次

序章　環境影響評価制度の到達点と課題　………　畠山武道　*1*
　一　環境影響評価の歴史　(*1*)
　二　環境基本法と環境影響評価　(*3*)
　三　実体アセスか手続アセスか　(*4*)
　四　実体アセスの類型　(*6*)
　五　環境影響評価法と環境影響評価条例　(*9*)
　六　環境影響評価の成果と限界　(*9*)
　七　戦略的環境評価（ＳＥＡ）の展望　(*12*)
　八　むすび──環境影響評価制度の将来　(*17*)

1　環境影響評価法の法的評価　………………　大塚　直　*21*
　一　はじめに　(*21*)
　二　環境影響評価法の特徴　(*22*)
　三　環境影響評価法の評価　(*34*)

2　国会審議から見た環境影響評価法に基づく
　　基本的事項，指針（主務省令）の制定内容
　　──地域環境管理計画，代替案，評価項目，
　　条例との関係を中心として　………………　小幡雅男　*48*
　一　はじめに　(*48*)
　二　自治体（地域）環境管理計画（自治体環境基本計画）
　　　と環境影響評価法との関係　(*49*)
　三　代替案の義務付け問題　(*52*)
　四　評価項目　(*55*)
　五　条例との関係　(*56*)

六　訴訟との関係　(57)
　七　おわりに　(57)

3　都市計画特例と港湾計画アセスメント …… 畠山武道　*59*
　一　はじめに　(59)
　二　都市計画特例　(61)
　三　港湾計画アセスメント　(70)

4　環境影響評価制度における法律と条例の関係について …………………… 倉阪秀史　*78*
　一　はじめに　(78)
　二　環境影響評価法における環境影響評価条例・要綱の取扱い　(79)
　三　具体的な事例に即した検討　(89)
　四　おわりに　(108)

5　環境影響評価条例と法律対象事業──川崎市環境影響評価条例を例にして ………… 北村喜宣　*113*
　一　はじめに　(113)
　二　川崎市条例の概要　(115)
　三　修正報告書・公聴会・審査書の制度と運用の実態　(116)
　四　環境影響評価法と市民・市長　(118)
　五　自治体環境アセスメント制度の目的　(119)
　六　環境影響評価法の条例関係規定　(121)
　七　おわりに　(123)

6　自治体の環境影響評価制度づくりの論点 … 田中　充　*126*
　一　はじめに　(127)
　二　環境行政における環境影響評価制度　(128)
　三　自治体の環境影響評価制度の具体的な論点
　　──川崎市条例を例として　(137)
　四　おわりに　(156)

目　次

7　産業廃棄物処分場立地をめぐる事前手続 … 北村喜宣　*161*
　　一　はじめに　(*161*)
　　二　改正廃棄物処理法が規定する生活環境影響調査制度　(*162*)
　　三　最終処分場をめぐる自治体行政手続　(*166*)
　　四　1997年改正法の影響：事前手続制度のあり方　(*171*)
　　五　許可審査における行政庁の手続裁量　(*180*)
　　六　おわりに　(*181*)

8　環境影響評価法と民事訴訟 ── 環境影響評価法によって民事差止訴訟はどう変わるか … 井口　博　*187*
　　一　はじめに　(*187*)
　　二　環境影響評価法の成立とその性格　(*188*)
　　三　環境アセスメントと民事差止訴訟　(*190*)
　　四　環境影響評価法と民事差止訴訟　(*195*)

あとがき／索引　　巻末

序章　環境影響評価制度の到達点と課題

畠山　武道

> **要　旨**
>
> 　今日，世界各国で環境アセスメントが実施されている。環境アセスメントは，事業の実施にあたり，事業が環境にあたえる影響を事前に調査・予測・評価し，悪影響を軽減ないし回避する手段である。しかし，環境アセスメントについては，環境保全に対する事業者や行政の関心を高めたという評価がされる一方で，運用が形式化・硬直化し，当初期待されたような効果をあげていないという批判も多い。そのため，諸外国では，より包括的な戦略的環境評価の導入を求める声が高まっている。本章では，環境アセスメントをめぐる世界各国の動向と日本の環境影響評価法を相互に比較しながら，現在の環境アセスメント制度の問題点と課題を整理し，さらに随所で各論稿の意義を明らかにすることで，本書全体の構成と意図が理解できるようにした。

一　環境影響評価の歴史

　環境影響評価（Environmental Impact Assessment 以下，環境アセスメントまたは EIA という）は，アメリカ合衆国で最初に体系的に制度化され，20年前後の間に，急速に世界に広がった制度である。環境アセスメントは，アメリカが世界に売り込むのに最も成功したアイデアといってよい。ところで，環境影響評価書の作成を連邦官庁に義務づけている法

序章　環境影響評価制度の到達点と課題

律が，日本でもよく知られている国家環境政策法（NEPA: National Environmental Policy Act of 1969）である。では，NEPAは，何を目標とした法律であったのか。法律の原点を，その立法過程から探ってみよう。

国家的な環境政策の基本を定めた法律を制定すべきだという動きは，連邦議会の中に1960年代初めから存在したが，1969年になってようやく実現した。この年，議会には，既存の政策や制度の寄せ集めでは，現在国が当面している環境問題を解決できないという声が高まり，ジャクソン上院議員とディンゲル下院議員から二つの国家的な環境管理のための法案が議会に提出された。この二つの法案が，議会（委員会）で修正に修正を重ねた末，ようやくNEPAとして成立したのである。

このうち，環境アセスメントは，上院内務島嶼問題委員会の特別顧問であったリントン・コールドウェル教授（当時インディアナ大学政治学部）が提唱したもので，単に環境に関する高邁な国家的優先目標を法律に列記するだけでは，セクショナリズムに固執し，自己の官庁の利害で行動してきた行政機関の思考・行動様式を変えることは不可能であることから，行政機関が環境的な価値に正当な配慮を払うことを命じる強制措置（action-forcing institution）が必要であるという彼の主張を取り入れたものであった。

この行為強制措置は，当初の案では，責任ある行政官が連邦の行為の環境への影響を認定する（find）というものであったが，審議の中でマスキー上院議員の意見をいれ，行政機関が環境に対する「詳細な報告書」（detailed statement）を作成し，環境上の権限もしくは専門性を有する機関との協議・コメントをうける制度に改められた。こうした長い議論と修正を経て1969年12月にNEPAが議会を通過し（制定は70年1月1日），世界で最初の環境アセスメント制度が定められた。

以上のような経過から，NEPAは，市民団体や環境保護団体の後押しで成立した他の公害・環境法とは異なり，連邦議会の議論と努力の成果とされているのである[1]。

その後，環境アセスメント制度は，急速に世界に普及した。今日，内容にばらつきはあるが，世界の半数の国に環境影響評価法ないし法律に

根拠をもつ環境影響評価制度があり、環境アセスメントが実施されている。また、世界銀行をはじめとする国際援助機関も、援助に際して、開発途上国が環境アセスメントを実施することを当然の義務としている。

日本は、先進国の中で、唯一、制度化された環境影響評価制度を持たない国として知られていたが、1997年6月9日、環境環境影響評価法がようやく成立し、1999年6月12日より施行された。

二　環境基本法と環境影響評価

ところで、NEPAというと、日本では環境影響評価書の作成を命じた102条が有名であるが、一から明かなように、同法は環境アセスメント手続のみを定めた法律ではない。同法の本来の目的は、人間と環境の生産的で快適な調和を推進する国家政策を宣言すること、人間環境および生物環境に対する破壊を予防・除去し、国民にとって重要な生態系および自然資源に対する認識を深めること、環境諮問委員会を設置すること、などにあったことを忘れるべきではない（同法2条）。

そして、以下の国家目標、すなわち、①次の世代の環境の受託者として、各世代の責任を果たすこと、②すべてのアメリカ人に、安全で健康で生産的で、美的・文化的に快適な環境を保証すること、③環境の悪化、健康・安全への危険、その他の望ましくない・意図しない結果を生じることなく、環境の最大限の有益な利用を図ること、④国家遺産の重要な歴史的、文化的、自然的側面を保存すること、⑤略、⑥再生可能な資源の質を向上させ、有限な資源の循環的利用を図ることを、連邦政府の計画、機能、施策、資源を発展させ、調整するためのあらゆ実行可能な手段を用いて追求することが連邦政府の責任であると定めていたのである（同法101条(b)）。そして、連邦政府の計画、機能、施策、資源を発展させ、調整するために設置されたのが環境諮問委員会（CEQ）である。つまり、環境諮問委員会には、単に環境アセスメントを定着させることだけではなく、さらに広範囲の活動が期待されていたのである。

こう見ると，NEPAが所期の目標を達成できたかどうかは，法律の掲げた国家目標に現状がどれだけ近づきつつあるかによって判断される必要がある。しかし，コールドウェル教授は，この壮大な法律の目標は，歴代大統領の無関心，最高裁の冷淡な一連の判決などにより，ほとんど達成されていないと評し，環境保護規定を連邦憲法に明記するなどして，さらに対策を強化すべきであると主張している[2]。また，環境諮問委員会も，厳しい予算に締め付けられ，環境影響評価書作成手続を整備したこと，いくつかの主要な政策調整に力を発揮したこと以外は，さしたる成果を示さないままにその使命を終えようとしている。

結局，NEPAは，当初の政府の意思決定プロセスを改善するという目標を十分には達成できず，新たな飛躍が求められているのである。

幸いなことに，日本では，環境政策の基本理念を定める環境基本法が制定され，環境影響評価は，各種の環境保全措置と連動して，国の環境基本計画を実現するための手段として明確に位置づけられている（環境基本法15条および20条）。したがって，環境影響評価法の目的が，基本法の掲げる基本理念（3条から5条）およびそれを具体化した国の環境基本計画を，他の規制的措置，経済的措置，監視体制の整備などとあいまって，具体的に実現する点にあることは明白である。環境影響評価制度が所期の成果をあげているかどうかも，この環境基本法の基本理念がどれだけ達成されつつあるかによって，判断される必要がある。

この理は，本書6・田中論文が詳しく指摘するように，自治体の環境基本条例と環境影響評価条例の関係についても当てはまる。

三　実体アセスか手続アセスか

NEPAが施行されて30年を経過しようとしているが，アメリカにおけるNEPAの評価はどのようなものだろうか。多くの論者が，NEPAが，一方で行政の環境保全に対する関心を高めたことは認めるものの，当初期待されたような効果にはほど遠く，単に行政が事業実施の中で越

三　実体アセスか手続アセスか

えなければならないハードルを一つ増やしたにすぎないという不満をもっている[3]。その原因として，環境影響評価書の作成がルーティン化し，内容が形骸化したことがあげられるが[4]，他の大きな理由は，連邦最高裁が，この新しい制度に批判的かつ冷淡で，その役割の拡大に一貫してブレーキをかけ続けたことである。

連邦最高裁は，判決に至った12の事件で，環境影響評価実施の判断，代替案実施の時期，補足的環境影響評価の必要，心理的影響の検討の必要などについて，すべて行政機関の裁量的判断を広く認容する立場をとった。そのため，これらは「ダーテイな一ダース」といわれ，環境保護主義者の不評を買っている[5]。

その中でも，特に重要なのが，NEPAは政府に対し，環境影響評価書によって事業の環境に対する悪影響が明らかになった場合には，それを回避ないし最小限にするという実体法的な義務を課したものか，あるいは単に環境影響評価書の作成という手続的な義務を課したものにすぎないのかという問題である。

この問題について，連邦最高裁は，有名なバーモントヤンキー事件[6]の傍論で「NEPAは，国家にとって重要で実体的な目標を設定したものではなく，その行政機関に対する指令は，本質的に手続的なものである」と述べた。さらにメソー峡谷事件[7]では，環境影響評価手続の目的は，①行政機関が環境への影響を「考慮する」ことを確保すること，②行政機関が，重要な情報を一般公衆に公開するのを確保することの二つにあるとした後，「なるほど，これらの環境影響評価手続が，行政機関の実体的な決定に影響を与えることは疑いがないが，NEPAそれ自身は特定の措置を命じる実体的義務を課したものではなく，単に必要的手続を明記したものにすぎないという結論が下される。その他の法律が連邦行政機関に対して実体的な環境上の義務を課しうるのであり，NEPAは，単に（賢明ではないというよりは）知らされていない行政機関の行為を禁止するにとどまる」[8]と判示し，ミティゲーション（代償措置）の記載が一般的で漠然としていると判示した控訴裁判決を取り消した[9]。

しかし，環境影響評価書においては，環境への影響を公正に評価しうる程度に詳しくミティゲーションを検討すれば十分であって，完全なミ

ティゲーション計画を実際に作成し，採用する義務はないという連邦最高裁判決に対しては，当然のことながら，ミティゲーションの意義をほとんど失わせるという批判がある(10)。

四　実体アセスの類型

　合衆国では，現在17の州が NEPA と同じ趣旨の州環境政策法（SEPA: State Environmental Policy Act）を制定し，11の州が NEPA とは別類型の法令で環境影響評価を実施している。このうち，SEPA は NEPA と基本的に同じ構造をとっており，州のめざす環境政策の基本目標を列記したあと，それを実現するための手段として州政府機関によるアセスメントの実施を定めている。これらの州法も，大部分が NEPA と同様の手続アセスであって，環境影響評価の実施という手続的義務を課したにすぎないものと解されている。ここでは，これらの大多数の傾向とは異なる特徴をもった SEPA を紹介しておこう(11)。

　まず，カリフォルニア環境質法（CEQA: California Environmental Quality Act）は，七つの抽象的な基本目標のほかに，州の環境の質を保護し，回復し，向上させるために必要なすべての行動をとること，清浄な大気・水，美的・自然的・景観的・歴史的質を州民に享受させるために必要なすべての行動をとること，環境の長期的な保護が公共的意思決定の指導基準であることを保証すること，行政のすべてのレベルで，環境を保護するのに必要な基準・手続を開発すること，行政のすべてのレベルで，公共的意思決定に際して，経済的，技術的要素のみならず質的な環境的要素を考慮することなど，七つの具体的な政策目標を掲げ，それを実現する手続的な方法として，環境影響報告書の作成を定めている。CEQA の目標は，行政がある意思決定や活動規制の際に，行政のすべてのレベルで，環境損害の防止を目的に，環境上の結果に十分な考慮をはらうことを，実際に行政に求めることにあるのである。

　CEQA で注目すべきことは，行政機関に対し環境影響評価の実施を

求めるだけではなく,「それが実行可能なときには,計画の環境に対する重大な影響を緩和し,または回避しなければならない (shall)」とし,「もし計画の重大な環境上の影響を実質的に軽減するのに利用しうる実行可能な代替案または実行可能なミティゲーション措置がある場合」には,提案のあった計画を拒否または修正することを,行政機関に命じていることである (Cal. Pub. Res. Code §§ 21002, 21002.1(b))。ただし,例外があり,代替案やミティゲーションが実行不可能であるときには,計画に同意することができる。その場合には,その理由を明記した理由書を作成・公表しなければならない (Id., §§ 21002.1(c), 21081)[12]。

　また,行政機関による環境審査を定めるのがワシントン州法である。ワシントン州法の特徴は,第一に,州民の環境権を保障し,「個々の州民は,健康な環境に対する基本的で譲ることのできない権利を有する」と明確に規定していることである (Wash. Rev. Code. Ann. § 43.21C. 020 (3))。第二に,1984年に「その条件または不許可が権限ある州政府組織によって定められた政策に基づいており,かつ行政機関によって公式に指示された規則,計画,または法典の中に組み入れられている場合には,いかなる政府の行為も,本章のもとで条件を付せられ,または不許可とされる」との規定が追加され,行政機関が,提案に係る行為が環境に重大な悪影響をあたえ,ミティゲーションが不十分であるとの結論を下した場合には,計画を不許可とする権限が行政機関に与えられた。ワシントン州法はミティゲーションの実施を法律上の義務と定め,それを裁判によって執行しうるとしている点で,NEPA や他の州法とは明らかに異なるものである[13]。

　最後に,ニューヨーク州環境質審査法 (SEQRA: New York State Environmental Quality Review Act) に簡単に触れておく。SEQRA が単なる手続アセスではなく,環境審査型・規制型アセスといわれているのは,「公共機関は,環境への損害を防止するための適切な考慮がはらわれるよう,活動を規制するものとする」という環境規制に係る横断条項をおいていることである。同法は,アセスメントについては「SEQRA に定められた政策および目標を実現するためにすべての実行可能な手段を用いるものとする。さらに,最大限実行可能な範囲で環境への悪

影響を最小化し，回避するために行動し，およびそのための代替案を選択しなければならない（shall）」と規定し，単に代替案を検討するだけではなく，環境上望ましい代替案を積極的に選択し，実行する義務が行政機関にあることを明らかにしている（N. Y. Envtl. Conserv. Law §§ 8-0103 (9), 8-0109 (2)(f)）。これは，NEPA，CEQA，さらにはワシントン州法以上の厳しい義務を行政機関に課したものといわれる[14]。

　このように，SEPA の中には実体アセスの性質を有するものがあり，手続アセスとは異なる環境審査型・規制型アセスメントの法設計が実際にも可能なことが明らかであろう。すなわち，環境アセスメント法をどのような性質の法律とするかは，すべて立法者の選択にまかされているのである。

　日本では，当初より環境環境影響評価法や環境環境影響評価条例は，行政ないし事業者に環境保護という実体的義務を課したものではなく，単にアセスメントの実施を命じた手続法・手続条例にすぎないという割り切りがみられるようである。しかし，環境影響評価法は，周知の横断条項（33条以下）において，行政庁が評価書の記載等に基づき，「当該対象事業につき，環境の保全についての適正な配慮がなされるものであるかどうかを審査しなければならない」と明記しており，横断条項の趣旨から考え，「重大な環境保全上の支障が生ずることが明らかに見込まれる場合には，行政庁は免許等を拒否しなければならない」[15]という解釈も示されている。さらに，上記判断の基礎となる評価書について，事業者が，環境庁長官および主務大臣の意見を勘案して評価書を再検討および補正しなければならない（23条-25条）ことを考えると，立法者は事業者に対し，単に環境情報を公開するだけではなく，環境影響緩和措置をとることを積極的に要求しているというべきでである。

　また，長のリーダーシップのもとに総合的・統一的な行政が可能な地方自治体においては，環境アセスメントを環境審査型のものとして制度設計し，あるいは運用することが十分に可能であり，かつ望まれているといえよう。この点も，本書6・田中論文が詳しく議論しているところである。

五　環境影響評価法と環境影響評価条例

　日本では，1980年頃より自治体を中心に環境アセスメントが普及し，環境影響評価法の施行に先立ち，多数の自治体が条例や要綱の形式でアセスメントを実施してきた。法律制定後は，要綱に代えて条例でアセスメント制度を定める自治体が急増している。そこで問題となるのが，国のアセスメントと条例アセスメントの関係（具体的には，環境影響評価法60条・61条の解釈）およびその役割分担である。

　環境影響評価条例・要綱の果たしてきた役割については，すでに北村助教授の研究があるが(16)，旧来の国の閣議アセスに比較して，対象事業の規模要件がより小規模で，かつ種類も多いこと（高層建築，墓地，土石の採取など），評価対象項目が広いこと（電波，日照，廃棄物，文化財，地域社会，レクリエーション，安全・災害など），住民意見書・事業者の見解書・住民の再意見書などの住民参加手続が設けられていること，行政機関に付置された審議会が環境影響評価準備書の審査をすることなどの特色を有していた。環境影響評価法の施行により，こうした自治体条例・要綱の独自の意義が失われるのか，あるいは別の角度から両者の関係を整理するのかなどが，今後の論点となる。本書４・倉阪論文，５・北村論文，６・田中論文は，自治体アセスメント条例の役割・課題を，多角的かつ広範囲に検討しており，今後の議論の参考となるだろう。

六　環境影響評価の成果と限界

　日本における環境アセスメントの実施が，行政機関による環境への関心・配慮，計画等の住民への公表，住民参加の機会の拡大などに寄与したことは明らかである。しかし他方で，環境アセスメントに対しては「アワセルメント」「開発のお墨付き」「単なる儀式」などの批判が絶え

ない。このような批判は，自然環境調査においては，事業計画区域内によほど貴重な生物種でも発見されない限り「一般的に見られる」「周囲に広く分布する」「貴重な種はない」などと記載され，環境保全対策についても「保全に努める」「影響を極力少なくする」「調査を実施し，適切な措置を講ずる」などの決まり文句が羅列されるだけで，簡単に評価準備書が審議会や評価担当部局を通過する現状を批判したものである。

しかし，こうした環境アセスメントに対する不満は，実は諸外国にあっても共通に見られるだけではなく，諸外国では，さらにアセスメントの基本理念や構造にまで遡った多くの議論がされている。それらを簡単に整理しておこう[17]。

第一に，アセスメントが前提とする合理的意思決定モデル・行為強制モデル自体の問題が指摘されている。すなわち，環境アセスメントは，達成目標の設定，評価基準の決定，情報収集，環境への影響の評価，代替案の検討，ミティゲーションの選択，利害関係者への情報の伝達・公開という意思決定プロセスを前提としている。しかし，現実の政策決定は，上記のような合理的意思決定モデルにはよらず，しばしば非合理的，政治的，利害調整的であり，計画担当者の狭い見識に依拠してなされる。環境アセスメントは政治的現実や政治的要素を無視した非現実的なパラダイムに基づいている。

第二に，実施面においても，環境アセスメントは，計画策定プロセスに注意深く組み込まれていない。すなわち，世界各国で実施されているアセスメントは事業実施段階における評価（事業アセスメント）であり，真の意味の代替案の検討は不可能である。たとえば，ダム建設・河道拡幅という事業実施段階でのアセスメントは，超洪水対策や土地利用規制というより広い代替案との比較検討の機会を閉ざしてしまう。

さらに，事業実施段階においてさえ，環境アセスメントは，合理的意思決定プロセスに有効に組み込まれていない。評価（準備）書の作成は，トップや担当者が特定の提案を決定した後になされ，すでに選択された事業についての代償措置を検討するものでしかない。実際にも，実施される可能性のない事業についてアセスメントをするだけの資源は行政・企業にはなく，アセスメントは事業実施のメドがついた後になされるの

が現実である。

　第三に，環境アセスメントの実効性・強制性にも疑問がもたれている。政策決定者は，事業の経済効果を重視し，環境に悪影響のある事業であっても，経済効果の大きい場合には事業を実施する。また，恣意的な決定がされた場合に，それを是正する法的手段が欠けている。ひとつの有効な方法が裁判で，アメリカでは住民や環境保護団体による訴訟が一定の歯止めになっている。しかし，裁判所は，アセスメント手続が慎重に履行されたかどうかを審査するだけで，環境的に健全な決定がされたかどうかには関心をもたない。この点は，すでに指摘したとおりである。

　第四に，評価手法（技法）にも共通的・普遍的なものはなく，各自が経験や勘で実施しているとも指摘される。評価項目の決定（スコーピング）は環境アセスメント担当者やコンサルタントに任されており，影響予測モデルも，肝心の部分はブラックボックスで第三者による検証ができず，予測の根拠も明らかではない。

　第五に，事後措置（フォローアップ，モニタリング）にも大きな問題がある。とくに合衆国のNEPAには事後措置に対する指針と強制メカニズムが欠けており，評価書に記載されたミティゲーションはしばしば実施されない。ミティゲーションの実施状況，事業が環境に与えた影響のフォローアップも，ほとんどなされない。結局，担当者は評価書作りや計画の実施管理に追われ，評価書を作成することで作業が終了してしまって，環境アセスメントが達成した成果の有無には関心を示さないのである。

　第六に，国によりやや実状が異なるが，住民参加・情報公開についても不備が指摘されている。アメリカでは，住民参加が一般の意思決定プロセスに深く組み込まれているが，他国では進歩がみられない。また，住民参加が形式的に実施されても，参加の時期が遅く，すでに重要な決定がされた後であって，住民の意見にはほとんど影響力がない。住民の意見が聴取されても事業実施の結論が変わることは期待できず，住民にできることは計画を遅延させたり，環境保全対策を盛り込むこと位しかない[18]。

　以上の批判は，世界各国の環境アセスメント専門家や研究者の見解を

要約したものであるが、同様の指摘が世界共通に見られることは興味深い。日本の環境影響評価法についても、ほぼ同様の危惧が本書1・大塚論文で詳しく指摘されている。以上のような現実を踏まえ、今日、世界のアセスメント専門家は、環境アセスメントを、広く事業が環境にあたえる悪影響を減少させる科学的な手法としてよりは、むしろ技術を超えた哲学として、事業がもたらす影響について、より合理的で制度化された討論を支援するための補助的技術と考えつつある[19]。すなわち、現在の環境アセスメントは、環境に悪影響のある事業を排除するための万能薬ではなく、現在の事業決定・意思決定のプロセスを徐々に合理的なものへと作り変えるための漸進的手法と理解すべきなのである。

七 戦略的環境評価（SEA）の展望

環境アセスメントは、事業が環境に及ぼす影響を調査・予測・評価し、その影響を(事業の中止も含めて)回避または減少させようとするものである。しかし、現在、世界各国で実施されている事業段階のアセスメント（事業アセスメント）は、評価の対象・範囲、実施の時期が限定され、重要な意思決定にもほとんど連動していない。そこで、最近、主張されているのが、事業が確定する以前の政策検討の段階で、他の政策的代替案との比較検討を含めて問題を包括的に議論する戦略的環境評価（SEA）である[20]。そこで、戦略的環境評価の現況と問題を整理しておこう。

1 SEAとは何か

SEAは、計画アセスメント、政策アセスメントなどとしばしば混同されるが、一般に現在の環境アセスメント（EIA）における環境影響評価書作成のプロセス（手続と手法）を発展させ、それを、政策・計画・施策（PPP: policy, plan, programme）に適用したものと解されている[21]。やや難しく表現すると、SEAは、ある事業の環境への影響を最小限に

するという究極の目的を達成するために，環境のみならず社会・経済的な要件を考慮し，最も適切な行為を選択するために，計画策定の早期の段階において一連の行為の結果を検討しようとするものであり，そのために，事業の環境への影響を，意思決定における環境の考慮が最も適切な計画プロセスにおける各段階（政策，計画，施策）で，それぞれ異なる精度（詳細さ）で評価し，考慮するものといえる。SEAの手法・手続は，EIAのそれと基本的に同一で，スコーピング，審査，公衆参加，文書化，意思決定，モニタリングという手続をとる。したがって，SEAは，事業の必要性・妥当性そのものを評価するものではなく，あくまでも，事業が環境に与える影響を最小限にしようとするものである。SEAが戦略的環境評価（Strategic Environmental Assessment）といわれる所以である[22]。

2 SEAの特徴

SEAの長所として，つぎのことが指摘されている。

第一に，EIAが具体的・個別的な事業を評価するのに対し，SEAは事業の集合体である計画や政策を評価することである。

第二に，SEAは，個別プロジェクトではなく，ひとつのマクロ的政策に対するアセスメントを実施することにより，アセスメントの効率を高めることができるといわれる。たとえば，累積的，相乗的，二次的な影響を評価することが可能になる。また，評価される選択肢の範囲が広がり，より多様な議論が可能になる。

第三に，SEAは，個別の事業部門だけではなく，重要決定に関与する多くの政府機関，公的機関を包摂する。これは，今日，すべての政府の活動がグローバルで国際的な側面を持つことに対応した処置といえる。

第四に，住民参加の点でも，SEAは，一回限りの参加にとどまらず，政策形成過程全体を通して事業の環境への影響と代替案を検討する過程に公衆および利害関係者を参加させることにより，その意見を政策に反映させるとともに，公衆の政策に対する長期的な関心を継続させることができる。

第五に，SEA は政策評価手段のひとつとして，異なる政策手段の体系的な評価を可能にし，政策の意思決定の質とアカウンタビリティを向上させ，政策目標を達成するためのさまざまの手段（財政的，社会的，環境的考慮を含む）を相互に比較検討するという最近の各国政府内の動向に合致するとされている。

3　SEA の実施状況（諸外国の現況）

国別にみると，SEA を実施しているのは，EU の一部，英国，カナダ・オンタリオ州などである。EU の中では，フランス，ドイツ，オランダが，すでに既存の環境影響評価制度（EIA）の中に PPP アセスメントに関する規定をおいている[23]。また，カナダ・オンタリオ州の環境影響評価法は，提案・計画の段階における環境影響評価の実施を明記しており，廃棄物管理基本計画，長期電力システム計画，森林管理戦略などが SEA の対象とされている。さらに，ニュージーランドでは，ややスタンスが異なるが，1991年の資源管理法第5部が SEA の実施を明文で定めている。

SEA の適用分野は，農業，森林，漁業，エネルギー，工業，水供給，輸送，観光，廃棄物処理，それに海外援助などの事業に及んでいる。しかし，実際は，道路，発電所，海岸構築物などの建造物，農業・漁業・鉱業部門のインフラ整備などの評価が中心であって，政策（policy）自体の評価にまでは及んでいない[24]。また，土地利用を対象とした SEA も，インフラ整備を中心とした土地利用計画，都市成長管理計画が中心であるといわれる。さらに，交通政策の評価においても，自動車の使用に大きな影響を与える租税政策などは評価の対象外とされており，資源消費・グローバルな地球環境などに大きな影響を与える経済政策，文化政策，国防政策なども検討されていないことから，SEA の多くは政策評価とはいい難いという指摘がされている[25]。その成果についても評価が分かれ，実際の政策決定においては，経済的，政治的要素が最優先し，次に社会的要素が重視され，環境的な要素は一番最後に考慮されるにすぎないという指摘がある。

4　SEAの限界・課題

　日本では，環境影響評価法案に対する衆参議院の附帯決議にみるように，SEAへの期待が高い。筆者も，現在の事業アセスメントの限界は熟知しており，SEAが現在のアセスメント制度の欠点を是正する有力な代替策であることを認める。しかし，SEAを実際に実施している国はそれほど多数ではなく，しかも，すでに以下のような問題が指摘されていることに留意すべきであろう[26]。

　第一に，SEAが定式性・形式性（formality）に欠けることである。EIAが環境影響評価法という単独の法律に依拠し，環境省などの単独の官庁によってコントロールされているのに対し，SEAの場合には，特定分野にあってさえ，多数の官庁が，多数の法律に基づき関与し，意思形成手続にも統一性がないのが現状である[27]。

　第二に，SEAに手続的厳格さ（形式性）を要求すると，それを実施するための人的，物的，金銭的，時間的なコストが膨大なものとなることが予想され，SEAの広範囲な利用には，行政的・政治的な抵抗がある。

　第三に，SEAの対象となる「計画」の場所的・時間的範囲が不明確であり，そのため影響予測や影響評価も漠然としていることである。計画のもつすべての社会的・環境的影響を評価するのは実際には困難であり，結局，抽象的・概括的な評価にならざるをえない。とくに合衆国では，作成された評価書の内容が一般的・抽象的なことや，政策決定に与える影響がほとんどないことから，SEAに懐疑的な意見が強い。またEIAに比べ，SEAでは定性的情報の比重が高く，その点でも科学的厳密さに欠ける。

　第四に，SEAに対する政治的抵抗がある。公的・私的部門を問わず，事業者は，反対者や競争者に早い段階から手の内を見せることを躊躇する。また，SEAでは，システム化された意思決定手続によって政策が定まるので，政治力を保持したい上級官僚や政治家にとって，SEAは妨害物でしかない。

　第五に，住民参加も期待されたほどの効果をあげていない。EIAに比べ，SEAは広範囲にわたる多数の利害関係者を包摂する。そのため，

人びとの関心も薄く，地域的な利害は全国的な利害の前に押し切られてしまう。参加を望む住民の側のコストも膨大で，実際には力の強い集団の意見が全体を支配する。住民参加は，これまでのところほとんど機能せず，実際は単なる付け足しでしかない。SEA の手続を民主的・参加的なものとすることには，依然として政治家が強く反対し，政策分析専門家からも非現実的であるという批判をうけている。

第六に，より本質的な批判として，SEA は EIA を拡大・発展させたものであり，EIA と同じように，現実の政策形成過程を無視しているという批判がある。すなわち，政策は，上部から下部に向けて直線的・ピラミッド的・連続的に決定されるのではなく，多数の計画が各部門でバラバラに作成される。計画の熟度や執行の度合いもまちまちで，計画相互が矛盾していることもある。また，個々の意思決定段階ごとに多くの裁量余地があり，下位計画の作成過程で上位計画が変更されることもありうる。たとえば高速道路建設を例にとると，上位計画で定められた路線は，政治的判断，党派的利害，予算の制約などにより大幅に変わりうるのである。

結局のところ，政策をリードする官庁は，環境的影響に関する他省庁の意見を聴取する前に，主要な決定を終えている現実には変わりがなく，早い段階で事業計画を評価することにより，広範囲の政策選択が可能になるという SEA の理想は容易に達成され難いということになる。

このように考えると，SEA の前途は多難といえる。しかし，SEA が，目下のところ，人間活動を環境が許容しうる範囲内に維持するための最も直接的で効果的な方法であることには疑いがない[28]。また，SEA に対する批判は，SEA の内容や役割が十分に理解されていないことや，SEA に対する誤解・過大評価にも原因がある。提起された問題を検討し，SEA が適切な段階で適切に実施され，さらに合衆国に見られるような整備された EIA 手続と強力な司法審査手続の連携システムが備われば，SEA はEIA と同様に環境管理の有効な手段となりうるという意見があることを，最後に紹介しておこう[29]。

八　むすび──環境影響評価制度の将来

　ある事業は，地域社会および広くは地球環境にさまざまの影響をもたらす。しかし，環境アセスメント（EIA）は，今のところ，事業が実施された場合にそれが地域の環境（主として健康，居住環境，自然環境）に与える影響を調査・予測・評価し，環境保全措置（ミティゲーション）を提示するための手続でしかない。地域の経済，社会に与える影響は評価されず，事業の必要性，規模の適正さなども評価されない。戦略的環境評価（SEA）は，こうした環境アセスメントの欠点をある程度是正できるが，現状では戦略的環境評価も発展途上にあり，多くの課題を残している。こうした現状を踏まえ，多くの専門家は，事業については，さらに包括的で全体的なアセスメントが実施されるべきであり，環境アセスメントと他のアセスメント手法（社会アセスメント，技術アセスメント，リスクアセスメント，ハザードアセスメントなど）との統合が必要であると主張している[30]。しかし，当面重要なことは，環境アセスメントを，他の意思決定手続から切り離された独立の手続とするのではなく，アセスメントの結果を事業計画の作成，事業者・行政部門の意思決定，および環境管理に反映させる方途を考えることである。環境アセスメントは，政策形成，計画作成の過程に有機的に組み込まれていなければ無意味であり，逆に，その過程に有機的に組み込まれることによって真価を発揮することが十分に可能なのである。

（１）　Lynton Caldwell, Beyond NEPA : Future Significance of the NEPA, 22 Harv. Envtl. L. Rev. 203, 208-209 (1998). See also L. K. Caldwell, Achieving the NEPA Intent : New Directions in Politics, Science, and Law, in Environmental Analysis : The NEPA Experience 13 (Stephen G. Hildebrand & Johnnie B. Cannon eds. 1993).
（２）　Caldwell, Beyond NEPA, supra n. 1, at 205-206.
（３）　C. J. Barrow, Environmental and Social Impact Assessment : An Introduction 68 (1997) は，世界各国の状況を概観し，多数の事業者は，

EIA を計画プロセスにおいて飛び越えるべき障害としてしか見ておらず，大多数の事業者にとって EIA は必要悪でしかないと指摘する。

(4) システム化されたアメリカの環境影響評価制度については多数の文献があるが，最近のものでは，Larry W. Canter, Environmental Impact Assessment (2d ed. 1996) が有益である。また，環境庁環境アセスメント研究会（監修）『世界の環境アセスメント』（ぎょうせい・1996年）28～75頁も，環境影響評価の仕組みおよび最近の動きを詳しく紹介している。

(5) Michael Blumm, The National Environmental Policy Act at Twenty : A Preface, 20 Envtl. L. 447, 454 (1990) ; William Rodgers, Environmental Law 816 n. 80 (2d ed. 1994).

(6) Vermont Yankee Nuclear Power Corp. v. Natural Resources Defense Council, Inc., 435 U. S. 519, 558 (1978).

(7) Robertson v. Methow Valley Citizens Council, 490 U. S. 332 (1989).

(8) Id., at 350.

(9) 同日下された Marsh v. Oregon Natural Resources Council, 490 U. S. 360 (1989) も同じ。

(10) Rodgers, supra n. 5, at 864.

(11) これらの州の立法例については，ワシントン州法をのぞき，拙稿「アセスメント法になにを期待するか」学士会会報803号（1994年）35頁以下で簡単にふれた。

(12) Cf. Comment. Substantive Enforcement of the California Environmental Quality Act, 69 Cal. L. Rev. 112, 113-118 (1981). ただし，州裁判所は実体的審査には慎重で，司法審査の範囲を手続的なものに限定しようとしている。Philip M. Ferester, Revitalizing the National Environmental Policy Act : Substative Law Adaptations from NEPA's Progeny, 16 Harv. Envtl. L. Rev. 207, 239 (1992).

(13) しかし，ここでも州裁判所はこの規定の直接適用に及び腰で，法律の長所が十分に評価されていないとの批判を招いている。Ibid., at 247.

(14) すなわち，CEQA が「計画の重大な環境上の影響を実質的に軽減」できるミティゲーションに比重をおくのに対し，SEQEA は代替案の検討を重視しているからである。Ibid., at 249 n. 241.

(15) 環境庁環境影響評価研究会『逐条解説環境影響評価法』（ぎょうせい・1999年）180頁。

(16) 北村喜宣『自治体環境行政法』（良書普及会・1997年）132頁以下。

(17) 以下は，Barrow, supra n. 3, at 63-78 ; Frank Vanclay & Daniel A. Bronstein, Environmental and Social Impact Assessment 3-23 (1996) ; R. B. Gibson, Environmental Assessment Design : Lesson from the Canadian Experience, 15 (1) Environmental Professional 12 (1993) な

どによる。
(18) Barrow, supra n. 3, at 74-75, Vanclay & Bronstein, supra n. 17, at 20.
(19) Barrow, supra n. 3, at 2, 63.
(20) 環境影響評価法案に対する衆議院・参議院附帯決議でも，「上位計画や政策における環境配慮を徹底するため，戦略的環境影響評価についての調査・研究を推進し，国際的動向や我が国での現状を踏まえて，制度化に向けて早急に具体的な検討を進めること」が明記されている。
(21) SEA については，近時多数の文献があるが，ここでは，Barrow, supra n. 3 ; Vanclay & Bronstein, supra n. 17 ; Riki Therivel & Maria R. Partidario, The Practice of Strategic Environmental Assessment (1996) ; John Glasson et al., Introduction to Environmental Impact Assessment ch. 13 (2d ed. 1999) ; European Conference of Ministers of Transport, Strategic Environmental Assessment in the Transport Sector (1998) ; N. Lee & F. Walsh, Strategic Environmental Assessment : An Overview, 7 (3) Project Appraisal, 126 (1992) ; Christopher Wood & Mohammed Dejeddour, Strategic Environmental Assessment : EA of Policies Plans and Programmes, 10 (1) Impact Assessment Bulletin 3 (1992) などを参照した。邦訳文献としては，B・サドラー＝R・フェルヒーム編著（原科幸彦監訳）『戦略的環境アセスメント』（ぎょうせい・1998年)，柳憲一郎「政策アセスメントと環境配慮制度」ジュリスト増刊『環境問題の行方』（1999年）62頁，寺田達志「戦略的環境アセスメントの導入に向けて」ジュリスト1149号（1999年）99頁がある。
(22) SEA は，地球的な視野からは，一国の政府のすべての部門の活動が，国際的側面をもつという自覚のもとに，経済と環境との間の複雑な関係を調整し，持続的成長を推進するための手段ということができる。Barrow. supra n. 3, at 6-7. ; Glasson et al., supra n. 21, at 422-424 ; 柳・前掲（注21）64頁。
(23) サドラー＝フェルヒーム・前掲（注21）49-50頁，74頁，105-106頁参照。アメリカについては，CEQ 規則のもとで既に SEA が実施されているという評価がある。しかし，筆者は，これらは主とし法定計画について経済的・社会的・環境的な影響を調査するもので，SEA とは異なるものと解している。アメリカでも，政策相互を比較検討をする SEA の実例はそれほど多くはない。Cf. Jon C. Cooper, Broad Programmatic, Policy and Planning Assessments Under NEPA and Similar Devices, 11 Pace Envtl. L. Rev. 89 (1993) ; J. Warren Webb & Lorene L. Sigal, Strategic Environmental Assessment in the United States, 7 (3) Project Appraisal 137 (1992).

(24) Barrow, supra n. 3, at 394-95；サドラー＝フェルヒーム・前掲（注21）83-85頁。UNECE, Application of Environmental Impact Assessment Principle to Policies, Plans and Programmes（UN. 1992）でも，インフラ整備が適用例として上げられている。
(25) インフラ整備以外に係るSEAとしては，カナダ政府がNAFTA交渉の際に実施した環境審査がつとに有名である。サドラー＝フェルヒーム・前掲（注21）131頁，Vanclay & Bronstein, supra n. 17, at 99.
(26) 以下は，Barrow, supra n. 3, at 88-89; Vanclay & Bronstein, supra n. 17, at 100-102；サドラー＝フェルヒーム・前掲（注21）183-186頁などの指摘を要約したものである。
(27) カナダは，1990年に，政策および施策に対するアセスメント制度を導入したが，法制化はされず，適用対象も限定され，多数の例外が認められるなど，定式化にはほど遠い実状であるといわれる。Vanclay & Bronstein, supra n. 17, at 100. 法制化の現状については，他にTherivel & Partidario, supra n. 21, at 19-28 参照。
(28) Glasson et al., supra n. 21, at 424.
(29) Wood & Dejeddour, supra n. 21, at 13.
(30) Barrow, supra n. 3, at 39. このうちう社会影響評価（SIA：Social Impact Assessment）とは，国・州・または地域的な環境政策や立法が地域社会・文化に与える影響を，事前に測定し，評価するものである。合衆国のNEPAは，計画や事業の社会的影響を広く評価することを命じており，カナダの環境アセスメント審査法（1973年）も，SIAを命じている。SIAは，カナダ・アルバータ州がパイプライン建設が先住民族にあたえる影響を本格的に調査したのが契機となり，ツーリズムが開発途上国に与える影響，鉱山・油田・パイプラインなどが地域社会にあたえる影響，アフリカのダム建設などが先住民族社会に与える影響などが，世界各国で社会科学者を交えて本格的に調査されている（小規模なものとして，原発やハイウェー建設が地域社会に与える影響調査などもある）。このように，SIAは規模の大きな国家的開発プロジェクトが社会・文化を含めた環境に与える影響を調査・予測するものといえるが，ニュージーランドにおけるヘルスケア制度の導入にあたり実施されたSIAのように，ソフトな政策の評価に係わるものもある。ただし，SIAはEIAと同じように，ある事業が社会にあたえる影響を評価し，悪影響を回避・削減するための方法を明らかにするもので，事業の当否を直接に判断するものではない。Cf. Barrow, supra n. 3, at 226-245；Vanclay & Bronstein, supra n. 17, at 31-61.

1 環境影響評価法の法的評価

［大塚　直］

要　旨

環境影響評価法は1997年にようやく制定されたが，これは，1985年の閣議決定の下での環境影響評価制度とはどのような違いがあるだろうか。また，諸外国の環境影響評価制度と比較してどのような特徴をもっているだろうか。本章では，政令や告示のレベルを含めて，これらについて，aアセスメント実施時期，b対象事業，c評価項目，d評価の視点（環境保全目標か代替案か），e住民意見の提出，提出者の範囲，f審査の主体，g許認可への反映，hフォローアップ手続，の八つのポイントに分けて概観・整理した。そのうえで，①正義性・公正性，②環境保全への有効性，③効率性の観点，④環境基本法・環境基本計画との関係の観点から法的に評価するとともに，残された問題点を指摘した。

一　はじめに

本稿は，1997年6月9日に成立した環境影響評価法について，政令（環境影響評価法施行令。政令事項の一部について，同年12月，98年6月，8月に制定された。全面施行は99年6月12日），「基本的事項」（環境影響評価法の規定に基づく基本的事項（平成9年環境庁告示87号。なお，港湾計画について，同88号））も含め，法的に評価することを目的とする。まず，従来の閣議決定の下での環境影響評価制度（以下では，「閣議アセス」とい

う）や諸外国の制度と比較しつつ，環境影響評価法の特徴を整理し（後述・二），それを評価するとともに残された問題点に触れることにしたい（後述・三）[1]。

二　環境影響評価法の特徴

　環境影響評価法は，従来の閣議アセスをベースとして，中央環境審議会において示された基本原則を盛り込む形で立案された。これは，閣議アセス及び1983年に廃案になった旧環境影響評価法案（以下，「旧法案」という）とどこが変わったのか。諸外国のすでにある制度と比較してどのような特徴があるのか。環境影響評価法の制度を，その目的・実施主体，性格，その他に分けつつ，このような観点から整理してみたい。

1　環境影響評価法の目的・環境影響評価の実施主体

　わが国の環境影響評価法の下での環境影響評価は，①事業者及び②行政が環境に配慮することを目的とする制度となっている。すなわち，本法の基礎となった中央環境審議会答申（以下，「答申」という）が，「制度の目的」として，「①環境影響評価制度は，事業者自らが，その事業計画の熟度を高めていく過程において十分な環境情報のもとに適正に環境保全上の配慮を行うように，関係機関や住民等，事業者以外の者の関与を求めつつ，事業に関する環境影響について調査・予測・評価を行う手続を定めるとともに，②これらの結果を当該事業の許認可等の意思決定に適切に反映させることを目的とする制度である」（番号筆者挿入）[2]としているのは，このことを示している。同法1条は「この法律は……事業者がその事業の実施に当たりあらかじめ環境影響評価を行うことが環境の保全上極めて重要であることにかんがみ，環境影響評価について国等の責務を明らかにするとともに……環境影響評価が適切かつ円滑に行われるための手続その他所要の事項を定め……環境影響評価の結果を

二　環境影響評価法の特徴

……事業の内容に関する決定に反映させるための措置をとること等により……環境保全に適切な配慮がなされることを確保する……ことを目的とする」としており，基本的な考え方は変わらないとみられる。これらの点は，閣議アセス及び旧法案と同様である（もっとも，法制化された点に意義がある）。

①は，わが国の環境影響評価の実施主体が事業者であるとされていることの説明として用いられている。すなわち，事業者が自ら事業の環境影響を評価することが事業の環境適合性を高めるために適切であるというのである（環境基本法20条もこれを前提としている）。

一方，②は，環境影響評価の結果を行政に反映させること，つまり，許認可に反映させることを意味している。すなわち，環境影響評価を，許認可への反映を目的とする手続と捉えているのである。①の点を重視し，この制度を事業者の自主的制度として徹底すれば，これを許認可とは関係のない，環境監査と類似の制度とすることもありえなくはないが，このような考え方は採られていない。この方が対象事業を拡大することは容易になろうが，これでは，制度の効果を十分なものとすることはできないからであろう。

このような二つの目的を環境影響評価制度にもたせることは，欧米諸国においても同様であるが，それぞれに関連する問題点がある。

①に関しては，確かに事業者が環境影響に対する配慮をすることは当然必要であり，その意味でこれが環境影響評価の目的であることはいうまでもないが，そのために事業者が自ら環境影響についての調査・予測・評価の主体となる必要は必ずしもなく，事業者が環境に配慮することと事業者が実施主体となることが一体として論じられている点に疑問の余地がある。欧米主要諸国のうち特に注目されるのは，対象事業が連邦に関連する事業に限られない国（EU及びその加盟国）であるが，環境影響評価の実施のうち，準備書，評価書の公告・縦覧は行政庁の任務としているところが多い（EUではこの点は各国に委ねられている。フランス，オランダ，ドイツ，イギリスしかり）。一方，準備書，評価書の作成主体は，事業者とするものが多いが（EU旧指令（1985年制定）5条1項[3]に基づく），ドイツは異なっている。ドイツでは，環境影響評価法（Gesetz über die Umweltverträglichkeitsprüfung)（1990年制定）[4]に基づいてアセスメントが行われているが、そこでは、事業者は、事業計画についての環境への影響に関する資料をまとめて所管官庁に提出する（同法6条）にすぎず（これに関しても、環境影響評価の範囲や提出すべき資料の種類と範囲について所管官庁から教示を受ける。5条）、それを受けて所管官庁が自ら実施した調査の結果を含めて事業計画の環境影響の総括的報告を要約し、作成することとされている（11条）。その理由は、行政庁が自ら関わらないと、正確な資料が作成されないおそれがあることにある。このようにドイツでは、環境影響評価の実施は一貫して行政庁に委ねられているといってよいであろう（なお、対象事業が連邦政府に関連する事業に限られるアメリカ合衆国でも、連邦政府が許認可や補助金を与えるにすぎない場合には、事業の実際の実施主体は連邦政府以外の事業者となるが、このような場合にも許可書の作成主体は連邦政府機関であり、事業者が提供する情報を政府機関が独自に評価し、信頼性をチェックすることとされている。NEPA施行規則1506・5条）。

わが国の環境影響評価法の下でも、閣議アセスとは異なり、環境庁長官や主務大臣の意見が求められる時期が、評価書の公告前になったため、これらの意見を踏まえて評価書が再検討され、必要に応じ追加調査等を行った上で評価書を補正することとされ（25条）、国の意見を踏まえて評価書の内容の改善が図られることになったが[5]、なおドイツ法とは大きな相違があるものとみられる。環境影響評価に関する信頼性の観点からの再検討が必要とされるといえよう（後述・三2）。

一方、②は環境影響評価制度の目的として重要なものといえる。環境影響評価（環境基本法20条）の結果が許認可に反映されることにより、国の環境配慮義務（同法19条）が部分的にでも担保されるし、又、これを、環境基本計画の実施の手段として用いることができるのである。ただ、その際問題となるのは、環境影響評価の結果を許認可にいかに直接に反映させるかという点であろう（後述・三2）。

2　環境影響評価法における環境影響評価の性格

　次に，環境影響評価法における環境影響評価はどのような性格を有するか。本法の環境影響評価の性格を規定する要素としては，(1)アセスメント実施時期，(2)対象事業，(3)評価項目，(4)評価の視点（環境保全目標か代替案か），(5)公衆参加，(6)審査の主体，(7)許認可への反映，(8)フォローアップ手続，の八つのポイントがあげられる。

　1　従来の閣議アセスは，(1)アセスメント実施時期は事業実施段階であり，(2)対象事業は，①国が実施し，又は免許等により国が関与する11の事業（及び，これに準ずるものとして主務大臣が環境庁長官に協議して定めるもの）で，②規模が大きく，その実施により環境に著しい影響を及ぼすものであり，対象事業の規模は主務大臣が環境庁長官に協議して画一的に定められていた（「環境影響評価実施要綱について」(昭和60年10月25日環企管103号)別表)。(3)評価項目については，典型七公害及び自然環境五要素に限る限定列記方式がとられていた（「環境影響評価に係る調査，予測及び評価のための基本的事項」(昭和59年11月27日環境庁長官決定)。旧法案においても，評価の対象は「公害の防止及び自然環境の保全」に限定されていた（5条・2条))。(4)評価の視点としては環境保全目標（環境基準，行政上の指針値等）を重視しており，(5)住民意見の提出は準備書に対してのみ認められ，意見の提出を求める者の範囲は関係地域内に住所を有する者のみであった。(6)審査の主体は原則として許認可等を行う者に限られており，環境庁長官は，主務大臣から意見を求められた場合にのみ意見を述べることになっていた。(7)許認可への反映については，主務大臣は，免許等に係る法律の規定に反しない限度で，環境についての適正な配慮がなされているかを審査し，その結果に配慮することとされていた。(8)フォローアップについては，対象事業の内容が変更された場合にそれが軽微な変更でないときは，再度環境影響評価をすることが運用上行われていた（もっとも，この点については閣議決定の要綱には定めはなかった。旧法案17条2号参照）にすぎない。

　2　これに対して環境影響評価法はどうであろうか。少し詳しく見てみたい。

1 環境影響評価法の法的評価

(1) アセスメント実施時期については，計画段階での実施を義務づけるものではなく，事業実施段階であることに変わりはない。ただ，アセスメントに係る調査を開始する際に，事業に関する情報，調査等の項目や手法に関する情報を公表して外部から意見を聴取する環境影響評価方法書（「方法書」）の手続（スコーピング手続）が導入されたことにより（5条-10条），従来よりも早い段階から環境配慮が図られる可能性が生じたことは特筆すべきであろう。これにより，論点を絞り込むことができ，効率的な予測評価や関係者の理解の促進，作業の手戻りの防止等の効果が期待される。なお，この制度の下でも，運用により，早期段階での環境配慮ができない場合は生ずるが，これに対しては，地方自治体で，地域環境管理計画を参照しながら，事業計画について方法書の前段階で環境配慮を求める等の手続を条例で定めることが必要となろう[6]（この手続は，本法60条の「環境影響評価」に入らないと解される（2条1項参照））。

(2) 対象事業を，規模が大きく環境に著しい影響を及ぼすおそれがあり，かつ，国が実施し，又は許認可等を行う事業とする基本的な考え方は閣議アセスと異ならない。国の関与は欧米主要諸国においても要件とされており，許認可への反映という本法の目的からしても必要であろう[7]。本法は，対象となる事業種として新たに発電所を加えたが（11種類とこれに準ずるもの），施行令により，道路については大規模林道，河川については二級河川に係るダム，建設省所管以外の堰（工業用水堰，上水道用水堰，かんがい用水堰）が追加され，ダムの規模要件が100haに引き下げられ，鉄道については普通鉄道，軌道（普通鉄道相当）が追加された（施行令別表）。また，本法は，法律に具体的に掲げる事業の種類のほか，環境影響評価を行う必要の程度がこれらに準ずる事業の種類を政令で定めうることとしているが（バスケット・クローズ。2条2項1号ワ），施行令では，宅地の造成の事業が定められた（2条）。

対象事業について注目されるのは，本法がそれを限定列挙するのではなく，広範囲に網をかけつつスクリーニングする手続を導入した（4条）点である。本法は，必ず環境影響評価を行わせる一定規模以上の事業（「第一種事業」）と，第一種事業に準ずる規模を有する事業（「第二種

事業」。第二種事業の規模に係る数値の第一種事業の規模に係る数値に対する比の最小値は0.75とされた。施行令5条）とを定め，第二種事業については，個別の事業や地域の相違を踏まえて環境影響評価の実施の必要性を個別に判定する仕組み（スクリーニング）を導入したのである。すなわち，第二種事業を実施しようとする者は，当該事業の許認可等を行う行政機関（許認可等権者）に，事業の実施区域や概要を届け出るものとし，当該許認可権者は，都道府県知事に意見を聴いて，事業特性（一般的事業に比べて負荷が高い事業，全体計画が第一種事業の規模となる事業か），地域特性（環境影響を受け易い地域，環境の観点から法令で指定されている地域，環境が悪化している地域か）に応じて環境影響評価を行わせるかどうかを判定する（判定の基準は，環境庁長官が定める基本的事項に基づき，主務大臣が環境庁長官に協議して省令で定める。「基本的事項」第一参照）。

　対象事業に関する立法例としては，大別して，包括主義と列挙主義があるが（純粋な包括主義をとるのは，アメリカの国家環境政策法[8]（NEPA）(1969年制定）のみ），本法は，事業者に対して予見可能性を与えることができるという列挙主義の利点を残しつつ，環境影響の重大性は個別の事業や事業の行われる地域によって大きな差があること，規模要件を厳格に定めるとそれをほんの少し下まわる規模の事業が続出すること等から，スクリーニングの方法を取り入れたもので，首肯できる。もっとも，カナダでは，スクリーニングの段階でも公衆参加が認められているが，本法は，これを認めていない。

　なお，従来の閣議アセスでは，公有水面の埋立又は干拓を伴う事業に際して，いわゆる上物の活動による影響を含めないこととされており，両者の環境影響評価をまとめて行う必要が指摘されてきたが，本法施行令は，埋立又は干拓が本法の下で環境影響評価の対象とならない場合には上物の活動とまとめて，対象となる場合には別々に影響評価を行うこととした（施行令1，6条）。埋立又は干拓が本法の下で環境影響評価の対象となる場合にも，併せて影響評価を行うのが望ましいと考えられるが，本法の下でも，少なくとも事業者の意思により，併せて方法書，準備書等を作成することは可能である（5条2項，14条2項）。

　(3)　評価項目については，環境基本法14条各号に掲げられた包括的な

1 環境影響評価法の法的評価

　環境要素の確保を旨として定められた指針（主務省令）において（環境影響評価法11条3項参照），対象事業の種類に応じて定められる標準項目を基本としつつ，方法書に対する公衆の意見や都道府県知事の意見を勘案・配意して，事業者が個別の事業に応じて評価項目を選定することとされた（上述のスコーピング手続）(11条-13条)。また，事業者は，調査，予測及び評価の手法も，都道府県知事や公衆の意見を踏まえて選定し，これに基づいて環境影響評価を実施する。「環境影響評価の項目並びに調査，予測及び評価の手法を選定するための指針」，「環境保全のための措置に関する指針」については，環境庁長官が基本的事項を定め，これに基づき，主務大臣が環境庁長官に協議して省令で定める。「基本的事項」第二，第三，別表参照)。

　スコーピング手続を導入したことに伴い，環境影響評価の項目（さらに，その手法。(4)参照）の選定という行為が法律上明示された点に意義があるといえよう。本法は，広く環境基本法14条にいう環境保全施策の対象を評価項目とするものであり（さらに，基本的事項では，廃棄物，温室効果ガス等も，評価項目に入れられた（第二，二)），不確実性を含む評価項目についても，旧法案では含められなかったが（5条2項），本法では含まれる（14条1項7号イ。基本的事項第二，五(2)キ)。また，バックグラウンドの調査・予測・評価の手法については，当該対象事業以外の事業活動等によりもたらされる地域の将来の環境の状態を勘案し（基本的事項第二，五(2)カ），選定項目間の相互影響について検討する（同第二，一(7)）中で行われるが，カナダでは法律で，オランダでは規則で要求されている，地域の環境全体を考えた累積的影響評価は含められていない。なお，わが国の制度には入っていないが，アメリカ，カナダでは，調査・予測されるべき環境の項目として，社会的・文化的影響等が入るほか，カナダでは，再生可能資源の持続的利用への影響があげられている。

　(4)　評価の視点としては，環境保全対策及びそれを講ずることに至った検討状況を準備書及び評価書に記載することとされた（14条1項7号(ロ)，21条)。これにより，必要に応じてミティゲーション（(ロ)の本文）ないし「複数案」（(ロ)の括弧内。立地・場所の変更案のみを意味するのでないことを示すため，「代替案」という語は避けられた）が検討される。これら

の検討については，明確な義務づけはされていないが，事業者も環境負荷を出来る限り回避，低減するよう努めなければならず（3条），その後策定された「基本的事項」では，評価，評価手法の選定，環境保全措置の検討のそれぞれについて実行可能な範囲内で環境影響を回避・低減しているか否かを事業者に検討させるものとされている（第二，一(6)，五(3)，第三，二(5)）。「複数案」の検討自体が義務づけられているわけではないが，実行可能な範囲内で環境影響を回避・低減しているか否かを含め，広い意味での環境保全措置の妥当性の検証が省令で義務づけられたのである。なお，評価及び環境保全措置は，同時に，国等の基準又は目標の達成との関係でも検討される（基本的事項第二，一(6)，第三，一(2)）。

　評価の視点については，欧米主要諸国では，これを事業者がとりうる実行可能な範囲内で環境影響を最小化するか否かという点に置き，その判断手法として，代替案の比較検討を用いるものが多い。わが国の制度は，明確な義務づけをしていないが（アメリカ，カナダ，オランダでは義務づけられている。EUの改正指令（1997年制定）5条3項も同様である），基本的にこの方向への転換をしたとみられる。代替案の提示は，アメリカのNEPAでは，「評価書の核心」といわれるほど，重要な事柄である。既に指摘されているように，従来の閣議アセスにおけるような行政の環境保全目標のみを評価の視点とする方法では，環境影響評価を一種の安全宣言的なものとするに留まり，恵み豊かな環境を維持し，環境への負荷をできるかぎり低減しようとするインセンティヴが働きにくいこと，現況で環境基準よりも清浄な地域では，環境基準までは汚染が許容されると受けとられる可能性があること，自然環境の保全や地球環境の保全は画一的な環境保全目標にはなじみ難い場合が多いこと等の問題があるが，代替案の検討により，これらの問題を解決することが可能になるといえよう。なお，オランダでは，少なくとも，(a)環境に適合的な代替案，(b)ゼロの代替案が検討される（(b)は，アメリカやカナダでも必要とされている）。

　環境保全措置（特にミティゲーション）の検討に当たっては，回避又は低減を優先し，その結果を踏まえて必要に応じ代償措置を検討するこ

とを留意事項として指針に定めることとされた（基本的事項第三，二(1)）。このように回避又は低減を優先する点は，アメリカの考え方[9]を取り入れた「答申」を反映したものとなっている。

　(5)　公衆参加については，公衆の意見提出の機会は，方法書に対して（スコーピング手続。8条）と，準備書に対して（18条）の二回が認められ，さらに，意見の提出者の範囲についての地域的限定はなされないこととなった。これらは公衆の参加の機会を拡大したものとして注目される。後者の点は，環境影響評価における公衆参加を情報提供参加とみる立場（「答申」）を考え方の根拠としている。欧米主要諸国においても，この立場をとるものが多い。

　本法には，説明会の規定はあるが，公聴会については定めがない。この点は，欧米主要諸国（アメリカ，カナダ，イタリア，オランダ）の環境影響評価に関する法律に公聴会の開催の規定がおかれ，一定の場合にはそれを義務づけているのとは対照的である（もっとも，環境影響評価の対象とされた事業のすべての場合に公聴会を義務づけている例はオランダにみられるのみである（環境管理法（関連部分は1987年施行）7.24条）。なお，フランス，ドイツでは行政手続法等の他の法令の定めに従って公聴会を行うこととしている）。なお，旧法案には，都道府県知事は特に必要があると認めるときは，公聴会を開催しうる旨の規定があったが（12条3項），本法においても，60条で条例によって公聴会の規定をおくことは許されると解されるため，実質的には相違はない。

　(6)　審査の主体としては，許認可等を行う者による審査のほか，環境庁長官が必要に応じて自らの意思で主務大臣に対して環境保全の見地から意見を述べることができることになった（23条）。その際，主務大臣はその意見を勘案しつつ，事業者に対し，環境保全の見地から意見を述べることができる（24条）。環境庁長官は第三者機関として位置づけられており（「答申」），意見の提出を通して環境庁長官が参画することになった点が注目される。閣議アセスでは，98年3月までに環境庁長官に意見が求められた事例は401件中23件にすぎず[10]，このような変化には意義があるといえよう。欧米主要諸国では，事業の免許等の権限を有する機関と環境担当機関の双方が審査に関与している場合が少なくない

（カナダ（連邦）。なお，アメリカ合衆国。イタリア，カナダのオンタリオ州では，環境担当機関が審査する。フランスの制度は，この点では，今回のわが国の法律の制度に近い（自然保護法施行デクレ（77－1141号）7条））。

また，事業者は，環境庁長官及び主務大臣の意見を踏まえて評価書の記載事項に検討を加え，必要に応じて評価書に補正を加えることとされた（25条）。閣議アセスと異なり，国の機関の意見を評価書の内容改善に反映させることができる手続としたもので，肯繁に値する。

本法では，審議会等の第三者機関の関与は規定されていないが，環境部局における意見形成に際して，第三者機関や環境の保全に関する専門家の関与を求めることは，環境影響評価手続の信頼性の確保に寄与するものと考えられる[11]。カナダでは審査委員会（Panel）（さらに，調停），オランダでは環境影響評価委員会（なお，イタリアも同様である）という独自の機関により，事業者が用いている情報の客観性，中立性，正確性が審査されている。環境影響の評価を厳密かつ公正に行うためにこのような機関をおくことは極めて重要であろう。審査の中には，評価書の審査と，環境影響自体についての審査とがあり，オランダやイタリアは前者であるのに対し，ドイツ，アメリカは後者であるといえよう。本法における環境庁長官及び主務大臣の「意見」は前者であるが，オランダ及びイタリアのもののように，情報の正確性の審査が重視されているわけではない。

(7) 許認可への反映については，許認可等権者は，免許等に係る法律の規定に係らず，評価書及び評価書に対して述べた意見に基づき，対象事業が環境の保全について適正な配慮がなされるものであるかどうかを審査し，その結果を許認可等に反映することとし，環境の保全についての審査の結果と許認可等の基準に関する審査（基準が示されていないときは，対象事業の実施による利益に関する審査）の結果を併せて判断し，許認可等を拒否したり，条件を付けることができる（33条。いわゆる横断条項）。

これにより，許認可等に係る個別法の審査基準に環境の保全の視点が含められていない場合であっても，アセスメントの結果に応じて，許認可等を与えないことや条件を付することができることとなった点に意義

1 環境影響評価法の法的評価

がある(その意味で実質的に個別法を改正したことになる)。閣議アセスは,行政指導によって実施された環境影響評価の結果を,許認可等に反映させる形となっているが,個々の許認可等を定める法令に環境の保全の観点が含まれていない場合には許認可等に反映させることができず,この点は行政手続法の制定により,問題が先鋭化していた(横断条項は,旧法案にも規定されていた。20条)。欧米主要諸国は,いずれも,アセスメントの結果を許認可等の行政に反映させることを意図しており,わが国の横断条項も実質的にこれと同様の効果を有するものである。

このような規定の創設自体は好ましいものではあるが,「適正な配慮」の内容は極めて曖昧であり,許認可等権者の裁量の余地は広く,環境保全への考慮を全く怠ったと考えられる例外的な場合にしか違法とはならないと考えられる[12]。オランダ,ドイツ,アメリカでは,審査基準が明らかにされているが,本法の下でも,行政手続法5条から審査基準を設けることが検討されるべきであろう(もっとも,これは定量的基準ではなく,定性的基準である)。環境の保全についての審査結果と許認可等の基準に関する審査(又は,対象事業の実施による利益に関する審査)結果は,同等に扱われるとみるのが一般であろうが[13],環境基本法19条を根拠として,環境の保全についての審査結果を重くみる余地はあろう。さらに,アメリカ合衆国のカリフォルニア州や連邦では,アセスメントの結果に何らかの拘束力を認めることや,主務官庁の許認可を事実上制約することも行われており,立法論的には参考になる(後述・三2)。

なお,本法の下では,申請が認容されたときに,行政庁が環境影響評価の結果をどのように考慮したかについて公表することとはされていない(又,行政手続法は,許認可が拒否された場合に行政庁が申請者に対して理由を提示することを義務づけるにすぎない。8条)。合衆国の国家環境政策法の下での環境影響評価(「決定の記録」に記載される。NEPA施行規則1505・2条)やEU改正指令(9条1項。主要な理由と考慮した点の公開を要請している)[14]は,このような公表をなすべきことを定めている。ただ,本法においても,許認可等権者等の評価書に対する意見が述べられた(24条)ときは,それを縦覧に供することとされており(27条),その限りで環境影響評価の許認可への反映についての公表と類似の機能を

有するであろう。

　(8)　フォローアップに関しては，三つの規定がおかれた。第一に，対象事業の目的及び内容を変更しようとする場合（軽微な変更（施行令13条）を除く）に，再度環境影響評価をしない限り，事業実施ができないこと（31条2項）は閣議アセスの運用と基本的には変わらない。第二に，事業着手後の調査（事後調査）に関して，一定の場合にこれを行う必要性を検討するとともに，事後調査の結果環境影響が著しいことが明らかになった場合に環境保全措置をとることを準備書，評価書に記載しておき，それにより，必要に応じ，事後調査等を行うことになった（14条1項7号ハ・21条。12条，基本的事項第三，二(6)）。事後調査は，評価書の内容について事後的に検証を図ることができること，予測し得ない要因による環境影響の回避や周辺住民とのトラブルの防止が可能となること，予測手法等の改善につながること，ミティゲーションの実施状況や効果の確認が可能となることなどの利点があるとされている。第三に，事業者は，評価書の公告後，周囲の環境の状況の変化その他の特別な事情により必要があると認めるときは，環境影響評価手続を再実施することができるとされた（32条）。これは，長期間事業に着手しなかった場合等の場合に，予測評価の前提が崩れることから，設けられた規定である。

　3　これらをまとめると，本法においては，閣議アセスと比べて次のような変化がみられるといえる。すなわち，第一に，公害を中心とする評価項目を予め限定列記する方法ではなく，環境負荷の低減を目指した広範囲の評価指針をスコーピングにより限定する方向へ，第二に，規制目標を重視する考えではなく，代替案の検討により事業者が実行可能な範囲で環境影響を最小化する方向へ，第三に，第二点と類似するが，行政庁による基準適合性を重視するのではなく，公衆関与の下での環境影響の決定へ，第四に，主務官庁のみによる審査ではなく，第三者機関（ここでは環境庁）も含めた審査へ，第五に，公害規制法による規制のみを重んじるのではなく，それとともに，アセスメントの結果のモニタリング（フォローアップ）も重視する考えへの転換である。そして，これらの問題はすべて関連しているといえよう（さらに，このようにして出されたアセスメントの結果を，主務大臣は，免許等に係る法律の規定の書き

振りに関わらず，許認可に反映させうることになった)。

結局，全体的にみると，行政庁の設定した基準を重視する公害規制の考え方から，それのみでなく，公衆の関与も含め，第三者の参画の下で，better decision（よりよい代替案／合理的意思決定）を検討する考え方へと転換したのである(15)。従来の閣議アセスでは「公害事前調査のための手段」であった環境影響評価が，環境影響評価法の下では「環境悪化防止に対する better decision のための手段」とされたといえよう。公衆の関与と，第三者の参画は，better decision を確保する手段として位置付けられる。基準重視の公害規制はもちろん重要ではあるが，むしろ，それでは十分でないときにこそ，環境影響評価の意義が発揮されるということである。このような考え方の変化は，主要な欧米諸国の環境影響評価の考え方を取り入れたものであるが，従来のように公害対策のみを中心とするのでなく，環境への負荷一般の防止をも考慮する必要が生じたこと（環境基本法2条―4条・8条3項・4項等参照)，近時，住民参加の議論が高まってきたことなどを反映しているといえる。

3 そ の 他

このほか，環境影響評価を支える基盤の整備として，本法が，環境影響評価を他の者に委託した場合について，その者の氏名及び住所を準備書及び評価書の必要的記載事項とした（14条1項8号，21条2項1号）ことが注目される。ただ，法人の場合，担当した自然人の名が出されない点になお問題が残るといえよう。

三 環境影響評価法の評価

1 評価の視点

環境影響評価法を法的に評価するにあたり，まず，評価の視点を設定

してみたい。ここでは環境政策に必要な3要素に配慮しつつ、欧米主要諸国の制度を参考にして評価の視点を抽出するとともに、環境基本法、環境基本計画との関係についても検討する。

1 環境政策に必要な3要素の視点

　一般に環境政策に必要な3要素として、「環境保全への有効性（ないしインセンティヴ）」、「正義性」、「効率性」があげられるが[16]、欧米主要諸国の制度をみると、これらの点に配慮がなされていることがうかがわれる。

　すなわち、環境影響評価の場合、「正義性」には、事実としての「客観性（科学性）」と法的な「公正さ」が含まれると考えられるが、事実としての「客観性」を担保するため、ⓐ評価の審査を独立した専門家による「第三者機関」に行わせる（カナダ、オランダ）とともに、ⓑスクリーニングやスコーピングの段階での「公衆参加」を認め、関与しうる住民の範囲を拡大するなどして、公衆の情報提供としての参加を大いに認めている（カナダ、オランダ、アメリカ）。

　一方、法的な「公正さ」は「透明性」によって確保されるが、そのためには、ⓐ「第三者機関」による審査のほか、ⓑ「公衆参加」が重要な役割を果たす。住民参加の法的性質については争いがあるが、後述するように、拒否権としての決定参加はありえないとしても、適正な決定手続への参加は法的な公正さを保つために重要な意義を有するであろう。公衆に対して情報を開示し、対審的な公聴会を義務づけることが必要となるのである（オランダ）。また、法的な公正さを確保するには、ⓒ環境影響評価の手続、内容の不備を理由とする「訴えの権利」を認めていくことも重要な要素となる（アメリカ）。

　なお、正義性の問題は、前述のように、ⓓ「アセスメントの実施主体」の問題と密接に結び付いている。欧米においても、アセスメントの実施主体は事業者とするものが多いが、立法論的には問題がある。そして、事業者を実施主体とすることを前提とするならば、アセスメントの正義性を担保するため、第三者機関、住民、司法の関与が制度的に必要となるといえよう。

次に,「環境保全への有効性」を確保するためには,何が必要か。最も重要なのは,ⓔ環境アセスメントの実施時期を「事業の検討・策定段階」にし(さらに,個別事業レベルの環境影響評価を強化し,累積的・広域的な環境影響に対処するため,ひいては,持続可能性に対する考慮を意思決定に反映させるため,戦略的アセスメントも必要となるが,その対象をどこまで拡げるかについては,欧米でも一致していない[17]。EU の「一定の基本計画及び実施計画の環境への影響の評価に係る指令案」(1996年12月4日)[18]では,一定の基本計画及び実施計画が対象とされている。2条(a)項。なお,後述2参照),ⓕ準備書,評価書への「代替案」の記載を義務づける(さらに,早い段階で「ミティゲーション」の検討を行う)ことであろう。ⓔが行われずに計画が固まってから環境影響評価がなされても,それを変更することは極めて困難であり,制度実施の意味が殆どなくなるし,また,事業を行う上で代替案こそが肝要なのである。

 さらに,環境保全を効果的に行うためには,ⓖ環境影響評価の対象事業を広範囲なものとし,「総合的アセスメント」を行うこと(アメリカ,カナダ),ⓗ評価項目を生物多様性,歴史的文化財等も含めた広範なものとするとともに,累積的影響や不確実性を有する項目を含めること(アメリカ,カナダ),ⓘ「フォローアップ」の手続を法令上の義務とすること,ⓙ環境影響評価の実施者について資格制度を導入し(中国),作成責任者を公表し,手続違反等についての罰則を設け,公衆参加の費用について国等が支援する(カナダ)など,環境影響評価を支える基盤を整備することが必要である。また,ⓚアセスメントの評価の結果の許認可への反映に事実上の拘束力をもたせたこと(アメリカ合衆国のカリフォルニア州や連邦)や,正義性で触れたⓐ,ⓑの点も環境保全の有効性を高めるであろう。

 他方,「効率性」の観点からは,上記のⓖ,ⓗのそれぞれについてスクリーニング手続ないし簡易アセスメント制度(カナダ,アメリカ,フランス,EU),スコーピング手続(アメリカ,オランダ)を導入することが要請されよう。

 このような環境政策に必要な3要素を確保するという視点からは,次のポイントを有する環境影響評価制度が望ましいと考えられる(なお,

三 環境影響評価法の評価

実施主体の点は，欧米でもドイツ以外は，事業者とするところが多いので省いた）。すなわち，①環境アセスメントの実施時期を事業の検討・策定段階にし，さらに政策アセスメントについて検討すること，②対象事業を広範囲なものとし，スクリーニング（又は簡易アセスメント），総合的アセスメントを行うこと，③評価項目の中に，累積的影響を含め，将来の項目追加についての柔軟性をもたせ，スコーピングを導入すること，④準備書，評価書への代替案の記載を義務づけ，早い段階でのミティゲーションの検討を行うこと，⑤公衆に対して情報を開示し，スクリーニングやスコーピングの段階での公衆参加を認め，対審構造による公聴会を義務づけ，関与しうる住民の範囲を拡大すること，⑥評価の審査について，評価書の技術的分析のレビューを第三者機関に行わせ，環境への配慮の確保について環境担当官庁の積極的関与を認めること，⑦環境影響評価の結果の許認可への反映に拘束力をもたせることを検討すること，⑧フォローアップの手続を法令上の義務とすること，⑨環境影響評価の実施者について資格制度を導入し，作成責任者を公表し，手続違反等についての罰則を設け，また，公衆参加の費用について支援するなど，環境影響評価を支える基盤を整備すること，⑩環境影響評価の手続，内容の不備を理由とする訴えの権利を認めていくことである[19]。

2 環境基本法との関係

環境影響評価法は，環境基本法の下に位置するのであり，法体系上，基本法の趣旨が反映されていることが必要となる。これは，法的には1で述べたところよりも重要な問題であるが，環境基本法に抽象的な規定が多く，また，環境影響評価制度が技術的な色彩を帯びているところから，基本法から一義的な制度が導かれる点は多くない。

第一の問題は，アセスメントの実施時期と関連する。基本法は，20条でいわゆる事業アセスメント，19条で環境配慮義務に基づく政策アセスメント的なものを規定したと考えられ（「答申」もこの趣旨を述べる），本制度は，基本法20条を実現するものといえよう。そして，基本法19条との関係で政策アセスメントについて検討することは急務となっていると考えられる。

1 環境影響評価法の法的評価

　第二に，環境保全の基本理念を定めた3条―5条は，環境影響評価法とどのように関連するであろうか。
　3条（環境の恵沢の享受と継承等）が環境権を規定したかについては争いがあるが，適正な決定手続への住民の参加の必要をここから導き出すことは可能であろう（1の⑤参照）。
　4条（環境への負荷の少ない持続的発展が可能な社会の構築等）は，社会経済活動その他の活動による環境への負荷をできる限り低減することを目指しており，ここから，従来のような環境基準の遵守のみを目標とする環境影響評価制度から，環境への負荷の実行可能な低減を目指す環境影響評価制度への上述のパラダイムの転換が導き出されよう。そして，環境への負荷の実行可能な低減を行うためには，代替案の検討が必要不可欠であるといえる（1の④参照）。
　5条（国際的協調による地球環境保全の積極的推進）との関係では，ODAやわが国の民間企業が海外に進出する場合の環境影響評価の実施の規定が必要となろう。ただ，これについては，国家主権の問題があり，環境基本法から一義的に解答が出されるわけではない。
　第三に，環境影響評価の評価項目については，環境基本法の下での環境概念が問題となる。同法はこれを明確に規定していないが，環境保全施策によって確保されるべき事項を定めた14条が参考になる。同条は，環境の自然的構成要素，生物多様性，多様な自然環境，人と自然の豊かな触れ合いといった広範囲の要素をあげている（1の③参照）。
　このように，環境基本法は，環境影響評価について一定の方向性を示しており，それらの点は重要であるが，1で触れた10点のうち，③，④，⑤に関する点に留まっていると考えられる（なお，①にも関連するが，事業アセスメントの中で何らかの方向づけを与えるものではない。また，後述のように，③については，環境基本法に準拠するのみでは望ましいとは思われない）。

3　環境基本計画との関係

　環境基本計画との関係では，二点指摘できよう。第一に，環境影響評価制度は，環境基本計画の下での重要な環境保全施策であるとともに，

その「長期的目標」の一つの柱である「参加」(事業者，国民，国，地方公共団体等あらゆる主体の参加)を実現するものである。第二に，環境基本計画は，「科学的確実性が十分にないことをもって環境悪化を予防するための費用対効果の高い手段をとることを延期する理由とすべきではない」との立場を示しているが，環境影響評価法における，不確実性を含む評価項目はこれと関連していると見られる(環境基本法4条にはこの発想はない)。

2 環境影響評価法の評価と残された課題

上記の視点(1の2，3は1にほぼ包摂されるため，特に1を問題とする)から，環境影響評価法はどのように評価されるか。残された課題としてどのようなものがあるであろうか(以下には，1の1の末尾に触れたポイントの番号を記す)。上述の三要素のうち，効率性については，上記の②についてはスクリーニング，③についてはスコーピングの制度が導入され，本法は一応のレベルに達したと思われる。ここでは，残る二つの要素との関係を見ておきたい(なお，法制化されたこと自体，これらの三要素を高めるのに寄与したことはいうまでもない)。

(1) **正義性・公正性** 環境影響評価の実施主体を，事業について最も情報を有しているとみられる事業者とすることは，費用を削減しうるという点では効率的であるといえようが，そのために公正さを害するおそれが相当程度あろう。事業者は環境に影響を与える可能性のある事業を行おうとする者であり，その者(又はその委託を受けた者)に適正なアセスメントを求めること自体，困難な面があるといわざるをえないからである。前述のように，ドイツでは，環境影響評価の実施は一貫して行政庁に委ねられているが，これは制度の信頼性確保の観点から首肯されるものである。他方，環境影響評価についても，汚染者負担原則(PPP)が適用されるべきであり，事業者が実施すべきでないかという議論がありうるが，行政庁を環境影響評価の主体としつつ，費用の負担を事業者に求めることは十分可能であり，ドイツでもそのように運用されていることは注目される[20]。この点は，立法論的に残された問題であ

1　環境影響評価法の法的評価

る。

　本法は，アセスメント実施主体を事業者とし，準備書・評価書の公告・縦覧，公衆の意見聴取まで事業者に行わせている。仮にこの点を前提とするのであれば，アセスメントの正義性，制度の信頼性を担保する観点から制度的補強が必要となるといえよう[21]。本法の制定に際して，行政手続法に対する言及がなされているが，そこから，制度の透明性が求められていると解することもできる[22]。

　第一に，事実としての「客観性」についてはどうか。

　このうち，⑥第三者の審査・評価については，本法は環境庁長官の関与だけを規定したが，地方自治体では，既に審査会等の第三者機関を活用しており，これを盛り込むことは十分に可能であったと思われる。また，評価の技術的審査について，評価書の技術的分析のレビューを第三者機関に行わせること（オランダの環境影響評価委員会の如し）は，科学性，信頼性の確保のため，必須であると考えられる。これを環境庁で行うことは事実上困難であるといえよう[23]。

　⑤公衆参加については，前述のような進展がみられるものの，環境情報を広く収集して事実としての「客観性」を高めるためには，スクリーニング手続において，都道府県知事の意見を聴くだけでなく，市町村と住民の意見を聴く機会を設けるべきであったと思われる。

　第二に，法的な「公正さ」についてはどうか。

　⑤環境影響評価における公衆の地位については，これを，(a)単なる情報提供者と解するか（情報提供参加），(b)住民を地域の環境を管理すべき主体であるとし，住民の参加を行政の決定への参加と解するかという点が問題とされてきた。「答申」は(a)としており，本法もこれに基づいているが，果たしてこれで十分かについて疑いがないではない。もちろん，拒否権参加（住民の同意を要するとする）としての決定参加を認めることは困難であるが，適正な手続を要求する権利を公衆に認めるものとして位置づけることは可能であろう。そして，この観点からは，意見書の提出と説明会の開催では不十分であり，一定の場合には公聴会，それも，対審的な討論が義務づけられるべきである[24]。対審的討論によってのみ，真の意味の合理的な判断がなされるからである。

また，本法は，⑩環境影響評価の手続，内容の不備を理由とする不服申立や訴訟の手続をおいておらず[25]，通常の行政訴訟では原告適格等との関係で，依然として本案審理に入ることが困難であるという問題を残している。

　なお，⑤公衆参加のための基盤整備（⑨）として，公開登録台帳を設定し，市民が当該環境影響評価に関するあらゆる記録や文書にアクセスしうるものとしたり[26]（カナダ），一定の公衆の参加者を支援する趣旨で政府が資金を提供する「資金供与プログラム」（カナダ。オンタリオ州では事業者が負担する）を導入するなどすれば，公衆参加はより促進されるであろう。

（2）　**環境保全への有効性**　　①アセスメントの実施時期については，この制度を実行あらしめるためには，これを事業の検討・策定段階にすることが必要であることがかねて指摘されてきた。本法は方法書に対するスコーピング手続の導入により，従来よりも早い段階から環境配慮が図られる可能性が生じたが，方法書の作成が事業との関係でどういう段階になるかは条文上明らかではないため，なお十分とはいい難い（カナダでは，主務省庁は，計画段階のできるだけ早い時期に，取消すことのできない意思決定が行われる前に，環境影響評価を実施することを保障しなければならないとする。カナダ環境アセスメント法（CEAA）（1992年制定）11条1項）。これについては，具体的な事業の諸要素が明らかにされていない段階では，環境影響の調査・予測に限界があるとの指摘が行われているが，一度のアセスメントですべて決定してしまうのではなく，種々の段階に分けてアセスメントをしていく方法（tiering）（アメリカなどで行われている。NEPA施行規則1508・28参照）が参考になろう。前述のように，環境基本法19条に対応する「戦略的環境アセスメント」，政策アセスメントについては，今後検討することが必要である（すでに，東京都では，基本構想，基本計画の時点での環境配慮制度が検討されている[27]）。

　④代替案ないし複数案の検討については，本法は義務づけておらず，「基本的事項」ではそれを実質的には要請する規定をおいている。明文ではっきりと義務づけるべきであったと考えられる。さらに，わが国でも，オランダのように，少なくとも，(a)環境に適合的な代替案，(b)ゼロ

1 環境影響評価法の法的評価

の代替案の検討を義務づけるべきであったといえよう。なお，代替案の検討においては，環境への影響のみでなく，事業の公益性や社会的利益も含めて考慮するものも諸外国には少なくないが（アメリカ，カナダ），これは事業者を実施主体としている以上，困難であろう。なお，合衆国のように，代替案の検討にあたり，費用便益分析の考慮を認める（NEPA 施行規則1502・23）ものもあり，その導入可能性も問題となるが，そこでも論じられているように，定量的でない環境影響との関係で，この手法が必ずしも効果的でないとの疑いを拭い切れない。

②対象事業はやや広がり，スクリーニングが導入された。対象事業として，国が関与する一定規模以上の事業種を含むよう，今後とも不断に検討がなされるべきである[28]。総合的アセスメントについては，「当該事業が，他の密接に関連する同種の事業と一体的に行われることにより，総体としての環境影響の程度が著しいものとなるおそれがある場合」をスクリーニングの判定基準の内容とすること（基本的事項第一，二(1)）などにその発想がみられるが，埋立，干拓との関係について既に論じたように，なお改善の余地があるとみられる。

③評価項目については，歴史的，文化的環境や都市景観などの人工的環境要素は，環境基本法14条に掲げる事項に含まれておらず，評価項目に含まれない。これは，環境基本法の限界でもあるが，これらはアメニティの重要な側面であり，含めていく必要があろう。さらに，欧米主要諸国において取り扱われている累積的影響のうち，汚染物質の環境中での蓄積や汚染の複合化による影響については，「基本的事項」及び省令で評価項目に明示的に含めていく必要がある。

⑧フォローアップについては，評価書の公告後，周囲の環境の状況の変化その他の特別な事情により必要があると認めるときは，手続の再実施を義務づけるべきであろう。事業者がこのような場合に任意に環境影響評価を再実施するかは，むしろ疑問であると思われるからである。実効性をもたせるためには，再実施が必要かについて主務大臣が監視し，一定期限後はそれを義務づけるとか，環境庁長官に一定の場合に再実施を求める権限を付与するなどが考えられる。いずれにせよ，主務大臣は場合によっては許認可を取り消すことが必要になるというべきである。

さらに，フォローアップについては，より根本的な問題がある。すなわち，事後措置についての準備書及び評価書の記述は，「環境の保全のための措置に関する指針」（12条2項に基づき，「基本的事項」の下に主務省令で定められる）に従うことが必要になり，許認可の際に，この点が考慮されることになるが，実際に事後措置を行うのは，許認可の後であるから，準備書及び評価書の記述が指針に適合しているだけではあまり意味はない。

　モニタリングの実施を許可の附款（条件）とすることが考えられようが，これでは主務官庁の裁量に委ねられ，解決が区々になってしまうという弊害がある。むしろ，神奈川県の一部改正条例（1997年制定）32条のように正面から主務官庁の監督の規定をおくべきであったと考えられる[29]。本法は，許認可の後は，環境影響評価法の問題ではなく，個別法に委ねられるという整理をしているが，このような整理がそれほど重要かには疑問がある[30]。

　本法には入れられていないが，適正なアセスメントが行われるために，⑨事業者の手続違反の場合について罰則を設けること，アセスメントの調査に資格制度を導入すること等を今後検討すべきであろう。罰則については，許認可の判断において手続の適正さが担保されるから必要ないとの考え方もありうるが，許認可には裁量があり，瑕疵が治癒されたと判断されることも少なくないため，罰則を設ける方が望ましいと思われる。

　さらに，⑦許認可との関係では，アセスメントの法的意義を十分なものにするために，アセスメントの評価の結果を許認可に反映させることに一定の拘束力をもたせることを検討する必要があると考えられる。これは，アセスメントを適切な行政判断をサポートするための手続（手続法的なもの）とするか，計画・実施決定の要件（実体法ないし規制法的なもの）とするかという問題に連なっており，欧米主要諸国の中でも考え方が分かれるところである。

　一般に，アセスメントを単なる手続（参考要件）とする考え方を徹底すると，最終決定を行う事業官庁が環境について考慮したといいさえすればすんでしまい，法的意義が稀薄となるという問題が存在するのであ

1 環境影響評価法の法的評価

り，その意味では，アセスメントに何らかの拘束力を与える考え方が注目されるところである。欧米主要諸国の中では，アメリカ合衆国のカリフォルニア州環境質法（California Environmental Quality Act）（1970年制定）[31]がこの立場をとる例といえよう。これに対して，許認可への拘束力を認めるものではないが，評価の審査において，環境影響自体についての審査を行わせ，環境影響が著しい場合には，事実上許認可を制約しうる枠組みを設けていると考えられるのが，合衆国の連邦の国家環境政策法の下でのアセスメントである。

カリフォルニア州のような，環境への著しい影響を軽減する実行可能な代替案やミティゲーションが存在する場合に，提案された計画について不許可か変更のいずれかしか認めないという考え方は，大変魅力的であり，代替案を重視し，公衆参加を単なる情報提供に留まらせない点で，欧米の主要国の動向をさらに推し進めたものといえる。これについては，今後十分に検討されるべきであると思われるが，開発側に無用の警戒を呼び，政治問題化し，公正なアセスメントをすること自体が極めて困難になるおそれがあるところから，わが国ではこのような考え方を採り入れることは当面は難しいであろう。

これに対し，合衆国の連邦のものは，環境保護庁（EPA）に環境影響自体についての審査を行わせ，著しい環境影響があるときは，主務官庁との調整や大統領府に属している環境諮問委員会（CEQ）の勧告等により，事実上許認可を制約する結果を実現するものであり，許認可への拘束力を直接認めるようなドラスティックなものでもなく，今後のわが国の立法のありかたとして参考になるのではなかろうか。

わが国の環境影響評価法は，基本的に手続法であることは明らかであるが，以上を踏まえつつ，この点に関する現実的な立法論としては，次のことを指摘できよう。

第一に，上述の合衆国の連邦の環境諮問委員会にあたるものを作り，行政の中で許認可を制約するシステムを構築することが望ましい。第二に，環境影響評価法は，いわゆる横断条項（33条）における許認可等権者の審査について，「基準に関する審査」又は「対象事業の実施による利益に関する審査」と，「環境保全に関する審査の結果」を併せて判断

三 環境影響評価法の評価

することとされており、「環境保全に関する審査結果」を独立して判断することとはしていないが、わが国においても、公有水面埋立法は、免許の要件として当該事業が環境保全の側面を満たしていること（「環境保全及災害防止ニ付十分配慮セラレタルモノナルコト」（4条1項2号））をあげており、後者の方法は、環境保全を独立の要件としている点で、アセスメントの結果を許認可に反映させるうえで有益であるといえよう。このような規定の書きぶりをすることにより、裁判所が行政の許認可の際の裁量権逸脱を判断するにあたり、何らかの相違が生ずると思われるからである[32]。

なお、許認可への反映の問題とは別に、許認可等に当たってその最終判断の根拠とプロセスを公表することは、制度の透明性・公正性を確保するため、また、国民の理解の促進のため、極めて重要である[33]。本法は、この点について改善されるべきであろう。

（3） 以上述べたように、本法の制定により、わが国の環境影響評価制度は効率性の点で向上を示し、正義性、環境保全への有効性の点でも一定の進展をみたが、なお残された課題も多い。10年後の見直し（附則7条）を機に、制度のさらなる改善が図られることが望まれるところである。

(1) なお、紙幅の関係で、制定経緯及び、都市計画、港湾計画に関する特例については触れる余裕がないこと、注は最小限に留めたことをお断りする。また、本法と地方自治体の条例との関係（60条・61条）については、本書の別論文にあるほか、わたし自身も別稿で論じたので（拙稿「環境影響評価法と環境影響評価条例との関係について」西谷剛ほか編『政策実現と行政法』（成田頼明先生古稀記念）107頁以下（1998年））、立ち入らない。
(2) 中央環境審議会答申「今後の環境影響評価制度の在り方について」（1997年2月）3頁。
(3) 85/337/EEC, OJ No L 175/40, 27.6.1985（一定の公的及び民間の事業が環境に与える影響の評価に関する理事会指令）。もっとも、5条は、事業者の情報提供責任という形で規定していたため、各国の裁量の余地は相当広かったものとみられる。その後、1997年3月3日に改正されたが（97/11/EC, OJ No L 73/5, 14.3.1997）、この点は基本的には変わっていない。
(4) Vom 12. Februar 1990, BGBl. I S.205. 本法については、環境庁環境アセスメント研究会監修／㈶地球・人間環境フォーラム編『世界の環境アセ

スメント』二七四頁以下（1996年）参照。
（5）さらに発電所は，本法および電気事業法によって特別な扱いを受け（環境影響評価法59条，電気事業法46条の2以下），例外的に，通産省の強い関与が認められることになった。
（6）東京都総合環境アセスメント制度検討委員会報告『東京都における新たな環境配慮制度のあり方』（1997年4月）参照。
（7）既存の許認可の枠にとらわれずに，環境保全の見地から問題となりうる事業については，すべて環境影響評価手続を行うべきだとの考え方もありうるが，既存の国の関与がない事業については，環境影響評価の適切な実施を期するために，その事業に対する新たな監督・規制の仕組みが必要となるので，当面は，こうするほかないであろう。
（8）§102 (2) (C) (42 U.S.C.A. §4332).
（9）NEPAにおけるミティゲーションの定義については，施行規則（1978年制定）1508・20参照。
（10）環境庁環境アセスメント研究会『日本の環境アセスメント』［平成10年版］29頁（1998年）。
（11）法案の審議過程においても，環境庁長官以外の第三者機関が必要であるとの議論がなされた（第140回国会衆議院環境委員会議録四号（1997年4月17日）16頁（大野由利子委員質問））。
（12）もっとも，環境庁長官が評価書に対して意見を述べたときは，それが免許等の判断に適切に反映されたか否かが，裁量行使の適正さを考えるうえで重要な視点となる（高橋滋「環境影響評価法の検討」ジュリ1115号47頁（1997年））。
（13）北村喜宣『環境政策法務の実践』214頁（1999年）。
（14）97/11/EC. 前掲注（3）参照。
（15）なお，スクリーニング制度の導入も類似の面を有しないではないが，公衆参加を認めなかった点に限界がある。
（16）拙稿「わが国における環境影響評価の制度設計について」ジュリ1083号39頁（1996年）参照。
（17）㈶地球・人間環境フォーラム『諸外国の環境影響評価制度運用実態報告書』4-1頁以下（1997年）参照。
（18）共同体設立基本条約130 r 条が定めるEUの環境に関する方針（予防原則，汚染者負担原則等）を基礎とするものである。
（19）ジャン・J・デ・ボア＝パトリス・ルブラン＝浅野直人＝大塚直「［座談会］環境影響評価制度のあり方をめぐって」ジュリ1083号16頁（1996年）参照。
（20）許可の際，所管官庁から請求書を示して支払わせるとのことである（1997年9月9日のエネルギー法研究所での Klaus P. Fiedler 博士（ドイツ都市会議環境部門副部長）の講演による）。

注

(21) 淡路剛久「環境影響評価法の法的評価」ジュリ1115号53頁（1997年）。なお，大久保規子「環境影響評価法の意義と課題」法律時報69巻11号16頁（1997年）も，自己責任への過度の期待に警鐘を鳴らしている。
(22) 第140回国会衆議院環境委員会議録3号（1997年4月11日）1頁（石井道子環境庁長官法案提案理由説明）参照。北村・前掲注（13）201頁。
(23) 参議院環境特別委員会・環境影響評価法案に対する附帯決議（平成9年6月6日）は，制度の信頼性を高めるため，環境庁における審査体制の充実・強化を図ることを求めている。
(24) 大久保規子「環境アセスメントにおける参加の現状と課題」環境と公害27巻1号37頁（1997年）参照。
(25) 立法論としてこれらを導入すべきであるとするものとして，日弁連意見書「環境影響評価法の制定に向けて」（1996年10月），淡路・前掲注（21）ジュリ1115号56頁など。
(26) さらに，環境影響評価の情報を体系的に整理し，提供することを公的に行うことが望まれる（浅野直人『環境影響評価の制度と法』156頁（1998年））。
(27) 前掲注（6）参照。
(28) 倉阪秀史「環境影響評価法の意義と課題」法律のひろば52巻6号54頁（1999年）。
(29) 青山貞一「環境アセス制度の課題と解決の方向性」環境と公害27巻1号31頁（1997年）参照。
(30) なお，同様の問題はミティゲーションにもみられる。本法は，ミティゲーションについて準備書及び評価書に記述させることによって，その実施を担保しようとしているが（許認可の際に，この点が考慮される），ミティゲーションは，実際には，許認可の後に行われるから，準備書及び評価書の記述のみが「基本的事項」及びそれに基づく「環境保全のための措置に関する指針」に適合していてもあまり意味はなく，個別法に委ねることなく，本法で統一的にミティゲーションの実施についての確認の手続を規定すべきであったといえよう。
(31) Public Resources Code, §21000-21178.1.
(32) もっとも，このような規定は各規制法におかれる性質のものであり，環境影響評価法でこのような仕組みを導入することは困難であったとも考えられるが，仮にそうであるとしても，環境保全の側面を許認可要件とすることを，公有水面の埋立の場合に限定すべき理由は特になく，今後，同様の規定を他の規制法にも設けていくべきであろう。なお，前掲注（5）及び拙稿「環境影響評価法の目的・性格」環境法政策学会編『新しい環境アセスメント法―その理論的課題』33頁（1998年）参照。
(33) 畠山武道「環境アセスメント制度の課題」北海道自治研究342号9頁（1997年），北村・前掲注（13）213頁。

2 国会審議から見た環境影響評価法に基づく基本的事項，指針（主務省令）の制定内容
地域環境管理計画，代替案，評価項目，条例との関係を中心として

［小幡　雅男］

> **要　旨**
> 環境影響評価法の国会審議で，地域環境管理計画の意義を質したことが，スコーピング手続の評価方法の一つとなり，自治体の環境行政目的達成の手段を新たに得ることにつながった。同時に，この計画を事前提示し，事業者がこれを考慮して事業計画を立てることで，より早期段階からの環境配慮につながることになったことなど重要論点をいくつか取り上げて紹介する。同法運用の軸となる「基本的事項」，それを受けた対象業種の評価項目，評価予測の手法等指針を内容とする「主務省令」に，国会審議がどのように影響を与えたかの視点は，立法府の意思と法解釈，運用，訴訟との関係という，もっと注目されていい課題への好例を提供するものである。

一　はじめに

　平成11年6月12日環境影響評価法が施行された（平9・6・9成立，同・6・13公布）。
　公布から施行に至る約2年の間に政省令の制定，法内容及びその手続きの周知徹底が図られてきたが，施行に当たって，法とともにその運用の根幹をなす，平成9年12月12日に告示された「環境影響評価法第4条

第 9 項の規定による主務大臣及び建設大臣が定めるべき基準並びに同法11条第 3 項及び第12条第 2 項の規定による主務大臣が定めるべき指針に関する基本的事項」，平成10年 6 月12日制定の事業種ごとの「環境影響評価の評価項目並びに当該項目に係る調査，予測及び評価を合理的に行うための手法を選定するための指針，環境の保全のための措置に関する指針等を定める主務省令」に注目したい。なぜなら，法運用の憲法ともいうべき「基本的事項」そして判定基準，技術指針等を定めた業種ごとの「主務省令（指針）」の規定内容をどう定めたかによって，この法律の性格が決まるとまでいわれてきたからである（法律による行政の観点からすれば問題ではあるが。）。

そこで，国会での審議を通じて問題となったいくつかの主要点を中心に，「基本的事項」，「主務省令（指針）」がどう定められたかに注目してみたい。なぜなら，国会審議での政府答弁を超えたとも受け取られる規定内容も見られるし，具体的運用や立法措置等の問題を引き続き残している点もあるからである。

二 自治体（地域）環境管理計画（自治体環境基本計画）と環境影響評価法との関係

1 環境影響評価法における地域環境管理計画の位置づけ

自治体環境影響評価条例の目的は，対象となる事業が自治体（地域）環境管理計画に適合しているかどうかを個別的に判断するプロセスであるとすべきであり，川崎市の条例は，これを正面から目的に掲げている。また，自治体（地域）環境管理計画は，自治体環境行政の目的である現在及び将来世代の市民の良好な環境を享受するため，それが実現されるべき状態を表現したものだとしていることも，極めて重要な指摘である[1]。

それでは，環境影響評価法としては，地域環境管理計画をどのように

捉え，位置づけているのだろうか。

(1) 参議院環境特別委員会の審議において，「事業計画の早期段階から環境配慮を事業者内部で進めるために，地域において市民も参加した環境管理計画を策定し，どこが重要な自然環境かを現実に地図に落として，これを事業者にあらかじめ示した上で，これをスコーピング手続きでも使っていくことが効果的」との提案がなされた[2]。

(2) この提案に対し，田中環境庁企画調整局長（当時）は，地域の環境管理計画と環境影響評価制度を関連づけて地域の環境保全を図っていくという考え方は重要な指摘であると認めた上で，その役割が2つあると答弁した。すなわち，

(ア) 地方公共団体が環境管理計画のような形で環境保全上重要な地域を地図の上などに示して公表すること（地域環境管理計画の事前提示制）が，事業者が事業計画を作成する上で環境配慮促進につながること。

(イ) 新たに導入されるスコーピング手続きにおいて，この計画を背景に地方公共団体等からの意見が出されることが想定できること[3]。

2 「基本的事項」及び「指針（主務省令）」における「地域環境管理計画」の扱い —— 評価の手法の一つとされた地域環境管理計画（地域環境管理計画適合性テスト）[4]

前述した1(2)(イ)での田中環境庁企画調整局長の答弁のように地域環境管理計画に盛られた情報がスコーピング手続で参考にされるようにするため，平成9年12月12日告示の「基本的事項」においては，「地域特性」に関する情報として自治体が講じている環境保全に関する施策の内容についても把握する（基本的事項第二 三(1)）とともに，地域環境管理計画が評価方法の一つ（地域環境管理計画適合性テスト）として，「基本的事項」そして平成10年6月12日公布の各業種ごとに定められた「指針（主務省令）」にも盛り込まれた。

(1) まず，平成9年12月12日に告示された「基本的事項」では，次のようになった。

事業者による評価の手法選定に当たっての留意事項として「国又は地方公共団体の環境保全施策との整合性に係る検討」を掲げ，「評価を行うに当たって，環境基本計画その他の国又は地方公共団体による環境の保全の観点からの施策によって，環境基本計画等の目標又は計画の内容及び予測の結果との整合性が図られているか否かについて検討されるもの」を環境影響評価項目等選定指針において定めるものとしている（基本的事項第二　五(3)イ）。

(2)　これを受けて平成10年6月12日公布の「指針（主務省令）」では，次のような規定となった。

例えば，「廃棄物の最終処分場に係る評価項目に係る調査，予測及び評価を合理的に行うための手法を選定するための指針（厚生省令第61号）」の第11条（評価の手法）の第2号で，「地方公共団体が実施する環境に関する施策によって，選定項目に係る環境要素に関して基準又は目標が示されている場合には，当該基準又は目標と調査及び予測の結果との間に整合性が保たれているかどうかを評価する手法であること」と規定している。他の対象事業の指針でも，同様の規定内容になっている。

残念なのは，「指針（主務省令）」においては，「基本的事項」には例示された「環境基本計画等の計画の内容」の文言を欠いた規定の仕方になった点である。

3　地域環境管理計画が評価の手法の一つとされた意義及び残された課題

評価の手法として，対象事業の「地域環境管理計画適合性テスト」を基本的事項及び指針（主務省令）においたことは，田中環境庁企画調整局長が指摘した，㋐事業者の計画作成に当たって環境配慮促進につながる効果，㋑スコーピングで市町村長がこの計画をバックに意見を述べるという効果にもつながると見てよいのではないだろうか。

しかしながら，このような効果をあげるためには，

(1)　地方自治体が，この趣旨に沿った地域環境管理計画策定を促進することが前提となる。国会審議では「環境庁に対しこれを促進する施

2 国会審議から見た環境影響評価法に基づく基本的事項，指針の制定内容

策」を求めたのに対し，「地方公共団体の計画等を策定するためのハンドブックを作成して配布する。平成7年度から市町村に対し，計画策定に対する環境基本計画推進事業費を補助している」と答弁している[5]。

環境庁によれば，平成11年3月末現在，46都道府県・12政令指定都市で地域環境管理計画（環境白書等では「地域環境総合計画」としている。）を策定している。ただ市町村の段階では，153にとどまっており，策定促進が今後の課題となろう。

(2) さらに策定過程と内容が問題である。案の作成をコンサルタントに丸投げせず，地域住民が主体的に参加した計画であるか[6]，策定内容が，自治体環境影響評価条例あるいは国のアセスの評価方法としての適合性テストとして十分なものとなっているかどうかである。それぞれの計画内容にも注目し，検証していく必要があるだろう。

(3) また，大塚教授が，地方自治体が，地域環境管理計画の事前提示制により，スコーピングの前段階で事業者に計画を参照しながら環境配慮を求めることができるよう条例手続を定めるべきだとした提案は[7]，早期段階からの環境配慮を求めていく上で注目すべき提案である。これは環境影響評価法第60条に抵触しないし，計画段階への環境評価手続きへ踏み込んでいく重要なステップとなるだろう。

三 代替案の義務付け問題

環境影響評価制度を従来のような基準達成型からベター・デシジョン型とする鍵は，「代替案」の規定の仕方にあるといってよいだろう。

1 国会での審議

環境影響評価法案の審議では，準備書の作成記載事項に代替案の検討について規定したとされる「環境の保全のための措置（当該措置を講ずることとすることに至った検討の状況を含む。）」第14条1項7号ロの規定

三 代替案の義務付け問題

が，フォローアップの規定とともに，わかりにくい規定の仕方であること，また，代替案の検討まで義務づけていると解釈できるかどうか，に議論が集中した。内閣法制局の答弁は，「中央環境審議会の答申において，準備書・評価書の記載内容のところで『先に述べたような環境保全対策の検討の経緯を記載することが必要である。』としている答申の要請をそのまま法律に規定した。」「複数案をとにかく絶対に比較検討する手法をとれというような答申であればまた話が別かもしれませんけれども，複数案が考えられるべきものである場合はそういうものを必ず検討しろ，またそれ以外のものにつきましては，実行可能なよりよい技術が取り入れられているかどうかといったことを検討しろというふうに，幾つかの手法を例示して答申している」ので，このような規定の仕方になったとしている[8]。

また，環境庁は準備書に何を記載させたいのかという質疑に対し，田中環境庁企画調整局長は，事業者が事業計画の熟度を順次高めていく過程において，各種の調査等の結果を踏まえ，例えば建造物の構造あるいは配置のあり方，環境保全設備，工事の方法を含む幅広い環境保全対策について検討が行われる。この規定はその検討の過程の記載を求めるものである[9]，と答え，

では，最低限どこまで記載すればいいのかという問いに対しては，環境保全対策は，幅広い内容を含むもので，かつその検討内容や過程もさまざまであり，検討の経過として何が記載されなければならないかを一律には言いにくい。事業者が環境負荷の低減という視点に立ってどのような検討を加えたのかがわかるように記載することを求めている，と答えている[10]。

なお，このような質疑応答を踏まえて，衆議院環境委員会，参議院環境特別委員会の両委員会の附帯決議では，「準備書及び評価書に複数案の検討状況をわかりやすく記載されるようにすること」が一項加わっている[11]。

2 国会審議から見た環境影響評価法に基づく基本的事項, 指針の制定内容

2 「複数案」を明記 ——「基本的事項」及び「指針(主務省令)」における規定

これを受けて,「基本的事項」及び「指針(主務省令)」では, 次のようになった。

(1) 「基本的事項」では, 環境保全措置の検討に当たっての留意事項において「環境保全措置の検討に当たっては, 環境保全措置についての複数案の比較検討, 実行可能なより良い技術を通じて, 講じようとする環境保全措置の妥当性を検証し, これらの検討の過程を明らかにできるよう整理すること」となった(基本的事項第三 二(5))。

(2) 次に, 例えば,「廃棄物の最終処分場に係る指針(厚生省令第61号)」第15条(検討結果の検証)では,「環境保全措置についての複数の案の比較検討, 実行可能なより良い技術が取り入れられているかどうかの検討その他の適切な検討を通じて, 事業者により実行可能な範囲内で, 環境影響ができる限り回避され, 又は低減されているかどうかを検証しなければならない」, と規定され, 他の指針(主務省令)でも同様の規定となっている。

3 「基本的事項」「指針(主務省令)」の解釈をめぐって

このように, 準備書及び評価書の環境保全措置の検討状況の記載内容に「複数案(代替案ではない。)の検討」が明記され, 法の規定よりわかりやすくなったが, 複数案の検討を義務付けるところまで至ってはいない(環境影響評価法第14条1項7号(ロ)の規定の運用を具体化したものである以上当然。)。しかし, 環境影響評価法が, 基準達成型からの転換を図り, 可能な限りの環境負荷の低減を目指すことを求めている以上, 検討状況には「複数案(代替案)」の比較検討過程があらわれてくるはずで, 基本的事項及び指針において「複数案の検討」が明記されたことは, それを実質的に要請しているとする大塚教授の指摘があることに十分留意すべきだろう[12]。なぜなら, この記述内容が不十分なものであれば, 住民の意見で指摘を受けることになるし, 準備書及び評価書の内容が基準

達成型でない以上，事業者は，検討過程についての説明力を問われることにもなるからである。

四　評　価　項　目

評価項目については，従来の典型公害7項目，自然環境5項目から「環境保全」全体に広がり，衆議院環境委員会，参議院環境特別委員会の両委員会においては，地球環境，景観，累積的影響の扱いなどが論議された。

1　SPM（浮遊粒子状物質）問題

その中で，大きな問題となりつつあるSPM（浮遊粒子状物質）の扱いについて，取り上げたい。これは，米国でも問題ありとされ，最近，川崎二次訴訟判決ではCO_2，NO_xとともに汚染原因として認められた経緯もある。

2　SPM問題に対する国会審議と「道路事業に係る指針」

SPMの予測手法がまだ確立されていないが，今後精力的に検討すべきだとの質疑に対し，田中環境庁企画調整局長は，科学的に可能なところから取り組むという対処方法を示し，個別検討を進めていくと答えたにとどまった[13]。

しかし，10年6月12日公布の「道路事業に係る指針（建設省令第10号）」において，標準項目に「浮遊粒子状物質（SPM）」が加わったことが，注目される。

3 累積的影響の扱い

なお，累積的影響については，バックグランドで対応するとし，当然のことながら，地球環境も入るとされている。

五 条例との関係

1 戦略的環境影響評価制度との関係

東京都総合環境アセスメント制度検討委員会が平成9年4月に答申した計画段階でのアセスについて，これと環境影響評価法第60条との関係が質疑された。田中環境庁企画調整局長は，計画アセスについてはこの法律では規定していないので，計画アセスを定めた条例については，この法律の規定に違反する問題は生じない。東京都が計画アセス制度の条例をつくっても，全然，この法律には抵触しないと解釈していると言い切った[14]。

なお，東京都は，「総合環境アセスメント制度」を平成11年度後半から12年度前半にかけて都の事業で試行し，平成12年度中には，本格的に実施したいとしている。

2 地方アセスの具体的な手続と環境影響評価法との関係

衆議院環境委員会の審議において，地方アセス制度の具体的事例を挙げて，法に違反するかどうかが質疑された。

例えば，神奈川県の準備書に相当する「予備評価書案」に付随して提出が義務づけられている説明会の周知計画書が法に抵触するかどうか，同じく，神奈川県の審査会の問題などが取り上げられた[15]。

しかし，具体的事例について政府の判定を求めたことが，かえって自治体の条例の制定あるいは改定の方向を，法制度に準拠した条例という

方向に向きかねないと懸念する向きもある。

　なぜなら，国の意向というものが抽象的にとどまっている方が，自治体によっては，自由に独自の判断を示し得る余地が広がると考えているからでもあろう。

六　訴訟との関係

　この視点から参考になる審議は見あたらなかったように思われる[16]。法手続違反等の態様と違反の程度，それと訴訟との関係を質した審議が見あたらなかったばかりか，訴訟問題という視点があまり意識されなかったのではなかろうか。これは，立法者の意思確認を国会審議に期待している立場からは残念なことと思われるだろう。

七　おわりに

　地方分権一括法成立により，自治事務に関し，地方自治体の独自の法令解釈が可能となった。その際，北村助教授による「法令の有権解釈権は一義的には行政にあり，実務家は，行政の発行する解説書，通達運用集を尊重してきた。しかし，これでは，法案の国会審議が何のために行われたのかわからなくなる。会議録を通じて，国会審議での立法者の意思を確認することは，解釈又は訴訟にあたって，もっと尊重されるべきだろう。」[17]との指摘は，地方分権の時代を迎え，さらに重みをもって受け取られるべきだろう。

　なお，環境影響評価準備書の公告縦覧や住民等の意見提出の手続や期限，フォローアップの問題などまだまだ取り上げていない問題が多い。同時にまだまだ掘り下げ方が足りない部分が多々あるが，別の機会に譲りたい。

2 国会審議から見た環境影響評価法に基づく基本的事項，指針の制定内容

（1） 北村喜宣「環境影響評価条例と法律対象事業 —— 川崎市環境影響評価条例を例にして」判タ954号（1998）82頁［本書**5**］，同「自治体環境影響評価条例の目的の再認識」（産業と環境1997年8月号49頁参照）。
（2） 平成9年5月21日の参議院環境特別委員会における馳議員の質疑参照（「第140回国会参議院環境特別委員会会議録」8号6頁）。
（3） 前掲注（2）6頁参照。
（4） 1(2)(ア)の地域環境管理計画の事前提示のために必要な計画策定の促進については後述の**3**を参照。
（5） 参議院環境特別委員会平成9年5月21日の馳議員の質疑，田中企画調整局長の答弁参照（「第140回国会参議院環境特別委員会会議録」8号7頁）。
（6） 前掲注（1）の判タ954号82頁［本書**5**］参照。
（7） 大塚直「環境影響評価法の法的課題」判タ959号（1998）14頁［本書**1**］参照。
（8） 参議院環境特別委員会平成9年6月6日の小川委員の質疑参照（「第140回国会参議院環境特別委員会会議録」11号16頁）。
（9） 前掲注（8）17頁参照。
（10） 前掲注（8）17頁参照。
（11） 衆議院環境委員会の附帯決議3項，参議院環境特別委員会の附帯決議4項参照。
（12） 前掲注（7）20頁，なお，15頁［本書**1**］も参照。
（13） 参議院環境特別委員会平成9年6月4日の馳委員の質疑（「第140回国会参議院環境特別委員会会議録」10号6-7頁），北村喜宣「環境影響評価法とプロセスの信頼性（下）」自治研究1997年12月号70頁参照。
（14） 参議院環境特別委員会平成9年6月4日の竹村委員の質疑参照（「第140回国会参議院環境特別委員会会議録」10号23頁）。
（15） 衆議院環境委員会9年4月15日の質疑参照（「第140回国会衆議院環境委員会議録」4号18-19頁）。
（16） この法律の実効性をどう担保するかのについての視点から，罰則がないことを質したのが唯一の質疑であろうか。
（17） 北村喜宣『産業廃棄物への法政策対応』（第一法規）20頁。注（2）参照。

3 都市計画特例と港湾計画アセスメント

[畠山　武道]

> **要　旨**
> 　環境影響評価法第七章は，一般の環境影響評価手続に対する特例として，都市計画特例と港湾計画アセスメントの二つを定めている。前者は，一般の事業アセスメントを都市計画決定手続と同時に実施するため，必要な手続の調整をするものである。後者は，港湾計画の策定の際に計画全体の環境アセスメントをするもので，事業アセスメントとは異なる計画アセスメントである。そのため，前者については環境影響評価法の関連する規定が読み替えて適用され，後者については関連の規定が準用される。本章では，二つの特例の内容を検討するとともに，問題を指摘し，改善の方向を示した。

一　はじめに

　本章では，環境影響評価法（以下，「評価法」という）の特例を定めた第七章「その他の手続の特例等」の「都市計画に定められる対象事業等に関する特例」（以下，「都市計画特例」という）および「港湾計画に係る環境影響評価その他の手続」（以下，「港湾計画アセスメント」という）を取りあげ，いくつかの問題を考えることにしたい。ところで，都市計画特例に関する議論を進めるにあたって，以下の限定を付しておきたい。第一に，都市計画法上（以下，「都計法」という），都市計画決定権者は，都道府県知事または市町村（二都府県にまたがる都市計画にあっては建設

3 都市計画特例と港湾計画アセスメント

都市計画に定められる対象事業等に関する特例の手続の流れ

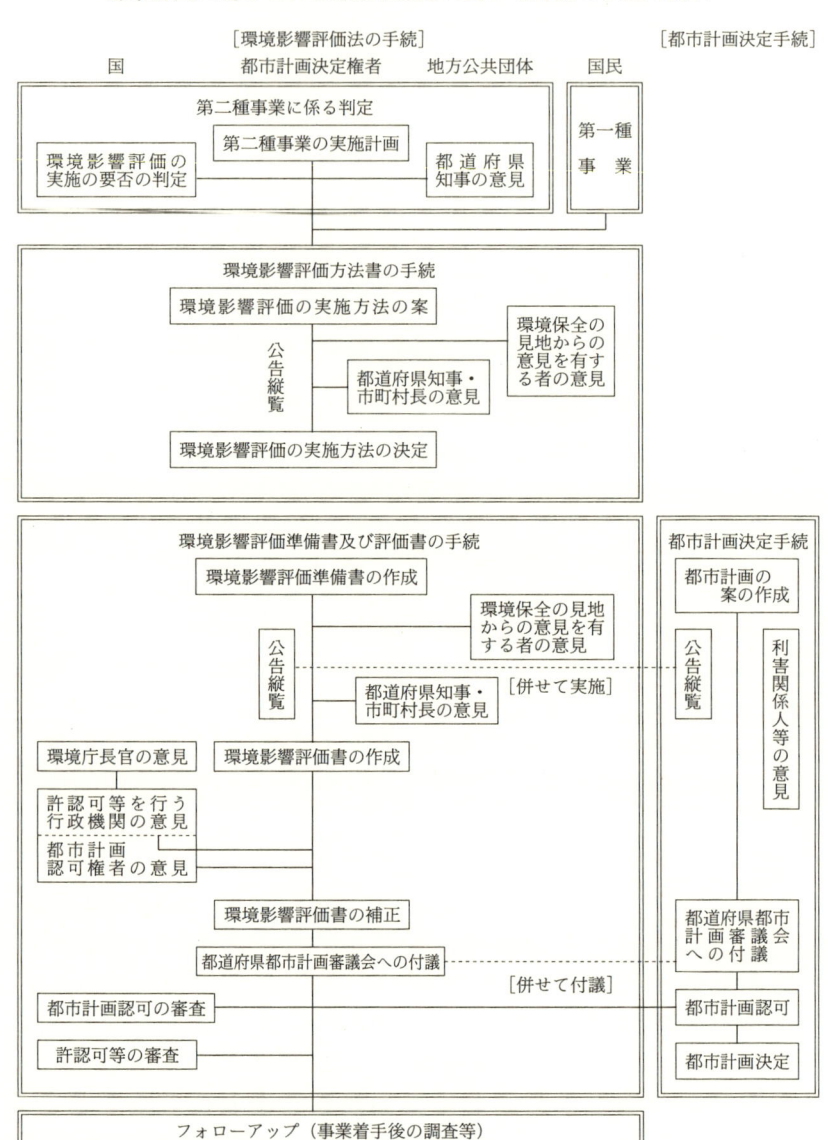

[環境影響評価法の手続] [都市計画決定手続]

| 国 | 都市計画決定権者 | 地方公共団体 | 国民 |

第二種事業に係る判定
- 環境影響評価の実施の要否の判定
- 第二種事業の実施計画
- 都道府県知事の意見
- 第一種事業

環境影響評価方法書の手続
- 環境影響評価の実施方法の案
- 公告縦覧
- 都道府県知事・市町村長の意見
- 環境保全の見地からの意見を有する者の意見
- 環境影響評価の実施方法の決定

環境影響評価準備書及び評価書の手続 / **都市計画決定手続**
- 環境影響評価準備書の作成
- 公告縦覧
- 都道府県知事・市町村長の意見
- 環境保全の見地からの意見を有する者の意見
- [併せて実施]
- 都市計画の案の作成
- 公告縦覧
- 利害関係人等の意見
- 環境庁長官の意見
- 環境影響評価書の作成
- 許認可等を行う行政機関の意見
- 都市計画認可権者の意見
- 環境影響評価書の補正
- 都道府県都市計画審議会への付議
- [併せて付議]
- 都道府県都市計画審議会への付議
- 都市計画認可の審査
- 都市計画認可
- 許認可等の審査
- 都市計画決定

フォローアップ（事業着手後の調査等）

60

大臣または市町村）であるが（都計法15条1項），現状では環境影響評価の対象事業（評価法2条2項各号）の中で市町村が都市計画決定するようなものは見当たらない[1]。また，都市計画決定権者が建設大臣の場合には，本稿で指摘するような問題は発生しない。そこで，本稿では都市計画決定権者を都道府県知事と仮定して議論する。第二に，アセスメントの対象となる都市計画対象事業には，市街地開発事業と都市施設（都計法11条）の建設があるが，ここでは後者の都市施設のみを取りあげる。

二　都市計画特例

1　都市計画決定手続とアセスメント手続

　評価法40条1項は，対象事業に係る施設が都市施設として都市計画法により都市計画に定められる場合の環境影響評価は，都市計画決定権者が事業者に代わり，都市計画決定と併せておこなうものとし，それをうけて同条2項は，同法5条から38条（若干の規定を除く）の規定の適用については，「事業者」を「都市計画決定権者」と読み替えるものとしている。したがって，ここでのポイントは次の二つである。

　第一は，対象事業等が都市計画法において定められる場合には，都市計画決定権者が，「事業者に代わるものとして」環境アセスメントを実施する義務を負うことになる（評価法5条1項。以下，関連条文は読替えて引用する）。評価法は，事業者が自治体，住民，免許権者，環境庁長官などの意見を勘案して方法書，準備書，評価書を作成することにより，自ら環境への影響の少ない事業を選択し実施するというセルフコントロールの考えに立っているが[2]，都市計画特例は，このセルフコントロールに対する例外を認めるものである。これが都市計画特例の最大の特徴である。したがって，事業者が都道府県知事であって事業者と都市計画決定権者が一致する場合にはさほどの問題は生じないが，両者が異なる場合（事業者が国・民間事業者，都市計画決定権者が知事の場合）には，

3 都市計画特例と港湾計画アセスメント

通常のアセスメント手続とは異なるさまざまの問題が生じることになる。

第二は，都市計画決定権者が環境アセスメントを実施しても，それによって都市計画決定手続が不要になるわけではない。二つの手続は，それぞれ実施される必要があるのであって，両者の手続は，一部の手続が，便宜的に知事によって「併せて」行われるにすぎない。併せて行われるのは，準備書の公告と都市計画の案の公告，準備書の縦覧と都市計画の案の縦覧，住民から提出された意見書の処理，都市計画審議会への一体的な付議，評価書の公告と都市計画の告示などであり，他の手続については，それぞれの法律による手続が走ることになる[3]。しかし，上記の「併せて」行われる手続は，一見類似するように見えるが，それぞれ趣旨が異なるために，そこに微妙な問題が生じることになる。

2 事業者と都市計画決定権者が異なる場合の調整

ところで，評価法の対象事業に該当する都市施設（都市計画施設）は，常に都市計画アセスの対象になるわけではない。評価法の対象事業を，都市計画において定められる都市施設（都市計画施設）として建設するか，都市計画施設以外の施設として建設するかは事業主体のまったくの自由であって，実際には都市計画法によらない場合が多いのである[4]。それを具体的に説明すると，以下のようになる。

まず，都道府県が評価法による対象事業の事業主体の場合，知事は必ず都市計画として決定しなければならない施設（都計法13条1項4号，建築基準法51条）を除き，それを都市計画において定められる都市施設（都市計画施設）として建設するか，都市計画施設以外の施設として建設するかを選択できる。前者の場合には評価法39条2項・40条2項で読み替えられた評価法の規定が適用され，後者の場合には評価法の一般規定（読替前の法4条以下の規定）が適用される。しかし，若干の手続上の違いを除くと，いずれも知事が責任をもって実施するアセスメント手続であることから，評価書の内容等に大きな差異が生じることはないものと予想される。

しかし，事業主体が国（および民間事業者）の場合には，いくつかの

二　都市計画特例

問題が生じる。すなわち，国が事業者の場合にも，都市計画対象施設を都市計画施設として建設するか，都市計画によらない施設として建設するかは国の自由である。後者の場合には，国が主体となって一般のアセスメントを実施するが[5]，前者の場合には，国の事業であるにもかかわらず知事がアセスメントを実施することになる。この場合，知事は微妙な判断を迫られることになる。

　第一に，国がある都市計画対象施設（道路，鉄道，空港，河川，運河など）の建設を進めてきたが，住民対策等に手を焼き，これを都市計画決定することを要求してきた場合，知事はその要求を拒否できるか。まず知事は，都市計画を，道路，河川等の施設に関する国の計画に適合させる義務がある（都計法13条1項）。ここでいう「施設に関する国の計画」には，高速自動車国道，一般国道，一級河川，鉄道，第一種空港等の重要施設に関する国の計画が含まれる[6]ことから，上位計画に位置づけられた施設を都市計画に組み入れることを，知事が拒否することは法律的には難しい。

　他方で，都市計画権限は，これまで国（建設大臣）の権限であって，知事の権限は機関委任事務とされてきたが，今回，機関委任事務が廃止され，都市計画権限の大部分が自治事務になったことから，知事の地位は強化されたと見ることもできる。しかし，新たに国の是正措置要求等（地方自治法245条の5以下）が設けられ，都市計画法上も，建設大臣の指示規定（24条）や都市計画事業の認可規定（59条）が健在であることを考えると，実態はさほど変わらないと見ることもできる[7]。

　第二に，評価法は，一部の直接参加規定をのぞき，市町村長や住民の意見は知事を通して国や民間事業者に伝えるという方法をとっている。知事には，市町村長や住民意見を代弁し，国や民間事業者のアセスメントをチェックする役割が与えられているのである。しかし，都市計画特例では，知事がアセスメントの実施者と住民意見の代弁者という一人二役を果たすことになり，多くの手続が意義を失う[8]。

　以下，事業者が国や民間事業者の場合を前提に，知事が一人二役を演じることから生じる問題を具体的に検討する。

3 知事がアセスメントの実施主体となることから生じる手続上の問題

1 第二種事業にかかる判定

第二種事業にかかる判定（スクリーニング）は，都市計画決定権者（知事）の届出に基づき都市計画認可権者（建設大臣）と事業免許権者（所轄官庁）がおこなう（読替後の評価法4条。以下，同じ）。その場合，届出書面の写しが都道府県知事に送られ，知事はそれに対して意見をのべるが（評価法4条2項），知事は自分が届け出た書面に対し意見をいうという奇妙なことになる。また，建設大臣と事業免許権者は，知事の意見を勘案してスクリーニングに関する判定をするが，その判定にあたり他ならぬ届出者の意見を斟酌するということになり，公平性が疑われる。結局，スクリーニングにおける意見聴取の手続は省略されることになるだろう。

2 方法書の作成と意見聴取

都市計画特例の実施にあたり，都市計画決定権者は方法書を作成し，それを公告・縦覧し，住民の意見を聞かなければならない（評価法5条-8条）。住民意見の概要は，知事・市長村長に送付され，知事は（市町村長の意見を斟酌し，住民意見に配意して）方法書に対する意見を述べる（評価法10条1項）。この知事意見書も，自分が作成した方法書に対し自分で意見を述べることになり，無意味化するので，不必要になろう。ただし，知事が市長村長の意見を斟酌する義務は残るものとおもわれる。

3 準備書における事業者の見解，代替案の記載

都市計画決定権者は，評価法8条1項の住民意見および10条1項の知事意見に対する事業者の見解（回答）を求め，それを準備書に記載することになっている（評価法14条1項4号・21条2項4号も同じ）。しかし，事業者は都市計画決定権者（知事）と読み替えられる結果，ここでも知事意見に対して知事が見解（回答）を述べるという奇妙な現象が生じる。また，事業者が国や民間事業者の場合，知事がそれらの者の意見を代弁

して見解（回答）を述べることは実際には不可能であり，望ましくもない。住民意見に対して事業者が直接に回答するシステムが設けられなければ，住民意見とそれに対する事業者の見解（回答）という評価書記載のもっとも重要な部分が形骸化する可能性がある。

代替案の記載にも問題が生じる。すなわち，評価書への代替案記載は，それが義務的なものかどうかについて議論があるが，「当該措置を講ずることとするに至った検討の状況」（評価法14条1項7号(ロ)）が代替案記載を意味することについては疑いがない。しかし，直接の事業者ではない都市計画決定権者が，事業者に代わって「当該措置を講ずることとするに至った検討の状況」を記述することなど不可能である。結局，事業者が示した代替案の記載をそのまま機械的に転写することになろう。

4　住民参加の簡略化

住民参加手続にも大きな影響が生じる。まず，準備書は一月間縦覧され，その後，説明会，住民からの意見書提出などの手続が続く。しかし，知事が事業者に替わって説明会を実施することになるので，説明会開催にあたっての知事意見聴取（評価法17条3項）は不必要になる。準備書に対してなされた住民意見の概要書および住民意見に対する事業者の見解書の知事への送付（19条）も（市長村長に係る部分を除き）不必要となる。

準備書に対する知事意見（20条）は，一般の手続においてはとくに重視されるものであるが，これも省略されることになる。

以上，指摘したように，環境影響評価法は知事に住民意見の代弁者としての地位をあたえ，国と知事，民間事業者と知事との間にある種の緊張関係を作り出しているが，知事がアセスメント実施主体と住民代表の二役を兼ねることで，こうした緊張関係は消滅する。その場合，アセスメント手続にどのような変化が生じうるだろうか。二つのシナリオが考えられる。

第一は，事業者とは異なる知事がアセスメントの実施主体となり，さらに都市計画決定手続と組み合わされることで，地域全体に配慮した判断や，包括的・総合的な衡量が可能になるという楽観的意見がある。知

3 都市計画特例と港湾計画アセスメント

事のほうが国よりは住民への距離が近く，市町村長や住民の意見が反映されやすくなるというメリットも指摘される。しかし，そのためには，現在の形式に流された都市計画決定手続を大幅に変更し，実質的な住民参加をはかるための制度的工夫が必要であるというのが，筆者の見解である[9]。

第二は，それとは逆に，知事が国家的な大規模事業の推進に熱心な場合（大部分はそうであるが），知事は，住民説明会や住民意見の聴取を機会的・形式的に履践するとともに，知事意見書や事業者が作成すべき見解書の作成を実質的に省略できることに乗じて，評価手続を専ら内部的にすすめ，安易に事業にゴーサインをだすのではないかという懸念である。しかし，評価法上の手続や評価準備書の記載は，単に事業のもつ環境への影響を調べ，その結果を公表するためだけのものではなく，争点や問題点を明らかにし，広範囲な議論を喚起するための手段でもある。アセスメント手続が国と知事の内部的な交渉や都道府県（庁）内の内部手続に変化することで，こうした争点公表機能は大きく損なわれ，アセスメントの実施が密室化することへの不安が高まったといえる。

4 住民意見書の扱い・都道府県都市計画審議会

他方で，環境アセスメントと都市計画決定を同時に行う手続上のメリットもある。すなわち，住民は公告された評価準備書と都市計画の案の双方に対して意見書を提出することができるが，意見の内容がいずれに係るものかを判別できないときには，そのいずれにも関係するものとして扱われる（評価法41条4項）。しかし，評価法18条には意見書を提出できる者の範囲に限定がないが，都計法17条はそれを「関係市町村の住民および利害関係人」に限定している。そこで，「関係市町村の住民および利害関係人」以外の者がいずれに係るものかを判別できない意見書を提出してきた場合には，都市計画の案に対する意見として受理することはできず，結局，両者の仕訳が必要になろう。また，評価準備書に対する住民意見の中には，事業そのものに対する不満を述べるものが多いが，それらは「環境の保全の見地からの意見」（評価法18条1項）には該

当せず，結局，都市計画の案に対する意見として扱われる。この場合にも，仕訳が必要である(10)。

つぎに，評価法25条3項は，補正後の評価書を免許権者に送付する前に都道府県都市計画審議会の議を経るものとしている。従って，都道府県都市計画審議会は，都市計画の案と評価書の両方を審議することになる。これは，評価法が各地の環境影響評価条例で定める環境影響評価審議会への諮問手続を欠いていることに比較すると，住民や専門家の意見を聞く機会を増やすものであって，望ましい措置のように見える。しかし，従来の都市計画審議会への諮問は，都市計画案が細部まで詰まった段階でおこなわれのが通例で，そこで大きな手直しは予定されていない(11)。したがって，評価書の審議も形式的に運用される可能性がきわめて高いといえる。

5　担当部局にも問題

都道府県によって若干の違いはあるが，一般の環境アセスメントは，アセスメント手続の進行，事業者に対する指導，評価書内容の審査などの一連の過程を，環境保全局，環境保全部，公害部などの環境部局が所轄する。また，全国の自治体の環境影響評価条例では，環境影響評価審議会をおき，公害，環境，動植物などの専門家，環境保護団体，住民団体の代表者などを委員に参加させて，広く意見を聞くように努めている。

これに対し，都市計画特例は都市計画決定に付随して行われるので，担当部局は都道府県の都市計画担当部局となる。しかし，都市計画担当部局は，都市計画の専門部局ではあっても，環境アセスメントを専門に所轄する部局ではない。したがって，アセスメントの実施には不慣れで，これまでの都市計画決定手続の運用と同様に，きわめて形式的・機会的に運用される可能性が高い。また，環境や自然保護に通じた職員を配備していることも希である。

同様の危惧は，都道府県都市計画審議会にも当てはまる。都道府県都市計画審議会の委員は，大部分が都市計画，土木などの専門家で，自然保護や生態系保護に対して見識を有する人は希である。環境保護団体や

住民代表が委員に加わっている例はなく,委員が評価書に対して適切な意見を述べることができるのかどうかに疑問をもつ。都道府県都市計画審議会が都市計画特例について実質的な審議をするためには,委員の変更,環境影響評価部会(小委員会)の設置などが必要になろう[12]。

6 都市計画特例から都市計画アセスメントへ

以上の検討から分かるように,環境影響評価法39条以下の手続は,あくまで「都市計画に定められる対象事業等に関する特例」であり,いわゆる「計画アセスメント」ではない。すなわち,この特例は,市街地開発事業や都市施設を都市計画に定める場合に必要となる手続であるが,実際には,詳細な事業計画が先行し,(用地,財源など)具体的な事業実施のめどがついた段階で,都市計画手続に組み入れ,都市計画決定される。従って,この特例は,実施の可能性のきわめて高い事業を都市計画に組み入れ,事業を実施するためのアセスメントであり,実態は通常の事業アセスメント(project assessment)と異ならない。しかし,こうした事業着工を前提としたアセスメントは一般の手続で実施することが可能であって,手続の重複をさけるという点をのぞき,都市計画決定手続と一本化する意義は少ないようにおもわれる[13]。

むしろ都市計画が「都市の健全な発展と秩序ある整備を図るための計画」(都計法4条1項)であり,都市の将来像を描くグランド・デザインの役割を同時にはたすものとすれば,ここで求められるのは,地域・地区に関する都市計画や都市施設に関する都市計画等を決定する際に,それが地域の環境に対して有する長期的,累積的な影響を総合的・全体的に評価することであろう[14]。地域地区,促進区域,地区計画等を都市計画に定める際に説明会や公聴会を開催することは現行都市計画法上も可能であり[15],その際,同時に環境アセスメントを実施することは十分に実際的であり,かつ望ましいものと考えられる。具体的な都市施設に関するアセスメントは,都市計画全体のアセスメントとは別に,事業が具体化した段階で,事業者が再度行うべきである[16]。

諸外国では,こうした土地利用計画,ゾーニング,土地管理計画など

のアセスメントを，事業が抽象的な段階で実施する計画アセスメントが発達しつつあることは，すでに指摘したところである（本書14頁）。また，アメリカ合衆国を例にとると，全国空港整備計画のような包括的な計画から，流域森林計画，土地管理計画，公園管理計画，市街地再開発計画など，計画そのものに対するアセスメントがごく普通に実施されている[17]。

こうした土地利用計画や土地管理計画に対するアセスメントを日本で全面的に実施するためには種々の障害を克服しなければならないが，都市計画は計画アセスメントの意義と可能性を検証するのに十分な素材を提供しうる分野といえるだろう。

7 小　　括

冒頭に指摘したように，都市施設は，基本的には都市計画事業により整備すべきものであるが，既に事業に必要な土地を取得しているため新たに土地を収用する必要のないもの等については，必ずしも都市計画事業として整備する必要がないとされ[18]，実際，これまで国の公共事業は，幹線道路など都市計画で定めなければならない施設を除いて都市計画決定されたことがほとんどなかった[19]。したがって，こうした従来の慣行が続く限り，都市計画決定手続はあまり活用されず，逆に，住民の反対の強い事業や長期間着工が滞っているような事業についてのみ，国が都市計画決定手続の実施を求めてくるという事態が予想される[20]。

都市計画アセスメントの手続を定着させ，その質を高めるためには，こうした便宜的な都市計画決定手続のつまみ食い防止し，すべての市街地開発事業と都市施設の建設について統一的に都市計画アセスメントを実施することが必要であろう。また，知事の都市計画決定権限に対する国の関与等を維持したままで，知事に環境アセスメント実施の義務を課すのは，本来，公正・中立になされるべき環境アセスメントの実施を歪める可能性がある。その点から，都市計画区域指定等の際の国との協議・同意規定（都計法5条3項・18条3項），建設大臣の指示規定（24条），都市計画事業の認可規定（59条）などは再考されるべきである。

三　港湾計画アセスメント

1　港湾計画アセスメントの性質

　都市計画特例が事業アセスメントであって，通常の環境アセスメントと都市計画決定を同時並行的に実施するものにすぎないのに対し，港湾計画アセスメントは港湾計画のアセスメントであり，文字どおりの「計画アセスメント」ということができる。したがって，一般の環境アセスメントのような詳細な事項の調査・予測・評価は行われず，手続も簡略化されている。

　ところで，港湾計画には，港湾施設（防波堤，航路，泊地，岸壁，港湾緑地，駐車場，橋りょう，運河，ヘリポート等）の規模や配置，臨港地区における都市再開発用地や工業用地の埋立等に関する計画などが含まれるが，ここでは埋立を中心に議論することにしよう。というのは，埋立については，周囲の環境にあたえる影響が大きいことから，各段階で，それぞれ異なる性格の環境影響審査がなされることになっており，港湾計画アセスメントとこれらの環境影響審査と比較することで，港湾計画アセスメントの特色が，より明かになるものと思われるからである。

2　埋立事業と環境アセスメント

　埋立事業については，①埋立免許申請に添付される「環境保全に関し講じる措置を記載した図書」（公有水面埋立法施行規則3条8号），②港湾計画の新設・変更の際に運輸大臣が行う環境影響評価審査のための環境調査書，③環境影響評価法による環境影響評価書，④港湾計画アセスメント書（環境影響評価法47条以下）の四つの評価書が作成される[21]。以下，順に説明しよう。

　まず，①は1973年以降提出が要求されているもので，環境アセスメント関係の図書を意味する。ただし，規模要件や評価項目等について特別

の定めはない[22]。

②は、港湾計画の新設・改訂の際に、港湾管理者があらかじめ作成したアセスメント書に基づき運輸大臣が中央港湾審議会に諮問しつつ「環境影響評価審査」をするものである。環境事務次官が中央港湾審議会のメンバーであり、審査の過程で環境庁の意見をいうことができる。ただし、港湾計画は、重要港湾について作成されるにすぎず、また、運輸大臣が港湾計画の内容を不適当として変更意見を述べた場合であっても、この意見は勧告的意見にとどまるものと解されており、港湾管理者を拘束する効果はない。

3　一般の環境アセスメントと港湾計画アセスメント

③は、公有水面の埋立または干拓に対し、評価法による一般の事業アセスメントを実施するもので、対象事業は、第一種事業が埋立・干拓事業の面積が50haを超えるもの、第二種事業が、40ha以上50ha以下のものである。第一種事業の規模要件が50haを超えるものとされているのは、主務大臣の認可対象となる埋立が50haを超えるものとされていること（公有水面埋立法施行令32条）との整合を図ったものである。また、対象事業は、港湾における埋立・干拓に限定されず、一定規模以上のすべての埋立・干拓が対象となる。

それに対して④の港湾計画アセスは、「港湾法2条2項に規定する重要港湾に係る同法3条の3第1項に規定する港湾計画に定められる港湾の開発、利用及び保全並びに港湾に隣接する地域の保全が環境に及ぼす影響について環境の構成要素に係る項目ごとに調査、予測及び評価を行うとともに、これらを行う過程においてその港湾計画に定められる港湾開発等に係る環境の保全のための措置を検討し、この措置が講じられた場合における港湾環境影響を総合的に評価することをいう」（評価法47条）と定義されている。

条文に沿って説明すると、第一に、港湾計画は、個別の港湾の長期的な開発、利用および保全の基本的な姿を描く、いわゆるマスタープランと解されており、したがって港湾計画アセスメントは、マスタープラン

3 都市計画特例と港湾計画アセスメント

を評価する計画アセスメントといえる。

　第二に，港湾計画アセスメントは，地方港湾を含めたすべての港湾計画ではなく，港湾法2条2項に規定する重要港湾（特定重要港湾を含む）に係る港湾計画のみが対象となる。また，埋立に係る区域および土地を掘り込んで水面とする区域の面積の合計が300ha以上のものが対象となる（環境影響評価法施行令17条）。

　第三に，港湾計画アセスメントでは，埋立・干拓に限らず，港湾の開発・利用・保全，港湾に隣接する地域の保全など，港湾の環境に影響を及ぼす事業のすべてが，調査・予測・評価の対象となる。したがって，港湾計画アセスメントは，港湾区域および隣港区域を含め，港湾全体の総合的・包括的なアセスメントを試みるものといえる。ただし，港湾施設の建設等に関する工事の影響は，具体的工法が不明であることや，後に当該事業に着目した環境影響評価が行われることから，調査等の対象外とされている[23]。

　第四に，港湾計画アセスメントと評価法による事業アセスメントとの間には，特段の先後関係はなく，事業アセスメントを先行ないし並行させることもできる[24]。港湾計画アセスメントは事業アセスメントとは別個の独自の役割をもったアセスメントであり，定期的に，港湾マスタープランを環境保全の見地から総合的に評価する役割を担うものである。

4　港湾計画アセスメントの手続

　港湾計画アセスメントには，基本的に評価法の規定が準用されるが，港湾計画アセスメントが抽象的なマスタープランに対するアセスメントであることから，以下の規定は準用されない。

　第一に，港湾計画アセスメントには，第二種事業に係るスクリーニング手続（評価法4条）が準用されない。これは対象港湾計画が，埋立等に係る区域の面積の合計が300ha以上のものに限定されている以上，当然の措置である。しかし，港湾計画アセスメントについても第一種・第二種の区分を設け，スクリーニング手続を準用することが考えられない

わけではない。この点は後に述べる。

　第二に，スコーピング手続のうち，方法書の作成（5条），方法書の知事・市町村長への送付（6条），方法書の公告・縦覧から住民・知事意見書提出までの規定（7条―10条）も準用されない。評価項目の選定（11条），環境影響評価の実施（12条），環境庁長官が定める基本的事項の公表（13条）の規定は準用される。要するにスコーピングについては，専ら内部で処理され，外部手続がすべて省略されることになる。

　第三に，準備書作成，準備書の公告・縦覧，説明会，住民意見書提出，知事意見などの一連の手続（14条―31条）の規定は，次の22条―26条を除き，すべて準用される。港湾計画の策定については，港湾審議会への諮問手続を除き，住民に対する説明会，住民意見書提出などの機会が全くないだけに，これらは貴重な住民参加の機会となろう。

　第四に，評価書の送付，環境庁長官意見，免許等を行う者の意見，評価書の補正（22条―26条）の規定も準用されない。これは，港湾計画は港湾管理者が地方港湾審議会の意見を聴いて決定するもので，決定手続は終了しており，港湾法による運輸大臣の意見も勧告的な効果しかもたないという理由によるものである[25]。環境庁長官は，これまでどおり，中央港湾審議会における「環境影響評価審査」を通して意見をいうしかない。

5　港湾計画アセスメントの課題

　港湾計画アセスメントは，従来の実施の経緯を受けついだものとはいえ，計画アセスメントの一つの類型として注目に値するものである。しかし，いくつかの課題もみられる。

　第一は，対象港湾計画が300ha以上の埋立に係る計画とされていることである。300haという規模要件は，過去，港湾計画に位置づけられた埋立計画の約半数が事業化され，埋立計画が10年にわたり順次事業化されていることを勘案して，一般のアセスメント対象事業の規模要件50haとの整合を図った結果と説明されているが[26]，これだけの説明では納得しがたい。また，第一種・第二種の区分を設けない理由についても，

3　都市計画特例と港湾計画アセスメント

計画段階では事業イメージが固まらず，同じ臨海部であって個別判断の余地を残す必要性に乏しいためとされるが[27]，臨海部については地域特性を考慮する必要がないという理由付けにも問題がある。さらに，300haという要件に対しては，大きすぎて適用対象が限られるという批判もあり[28]，埋立面積300ha未満の港湾計画を一律にアセスメント適用対象外とした点には疑問が残る。

第二に，対象港湾計画を埋立面積で判定する点にも問題がある。埋立に着目したのは，港湾計画の策定の段階において比較的その諸元が明らかになっていることによる，と説明されている[29]。そこで，埋立を伴わない港湾計画の変更は，アセスメントの対象ではなくなる（実際，どの程度あるのかは不明）。港湾計画に定めるべき事項は埋立に限らないのであって，埋立計画の有無とは関係なく，港湾全体を環境保全の見地から評価する必要性は残るだろう。

第三に，手続についても，スコーピングにおける外部手続が一切省略されている。この点についても，計画段階では事業イメージが固まらず，事業の場合のように個別事情による差異は少ないという説明がされているが[30]，有益な環境情報を収集するという意見書提出手続の趣旨[31]に適合しないように思われる。環境庁長官意見や免許権者の意見聴取手続が省略される点についても，基本的に同様のことを指摘できる。

結局，港湾計画アセスメントにおいては，港湾管理者が，スコーピング，評価書の作成，評価書の審査，それに港湾計画の決定・変更をすべて自前で実施することになり，判断の公正性，客観性に問題が生じる[32]。

第四に，埋立免許手続と港湾計画との関係に再度注目すると，埋立免許は「埋立地の用途が土地利用または環境保全に関する国または地方公共団体（港務局を含む）の法律に基づく計画に違反しないこと」（公有水面埋立法4条1項3号）が要件となっており，港湾地区等の中にある海浜の埋立てについては，埋立免許に先立ち港湾計画の変更が必要となる。そこで，対象港湾計画が埋立面積によって定まることと併せて考えると，港湾計画アセスメントは，埋立免許手続と密接不可分なものであり，実際には埋立免許に必要な港湾計画の変更をする際に，埋立面積が大規模

なものについて簡易なアセスメントを実施するものということになる。

6　小　　　括

　以上の検討から判明するように，港湾計画アセスメントは，計画アセスメントの内容を有するものではあるが，マスタープランである港湾計画の環境に与える広域的，長期的，複合的，累積的な影響を計画作成段階でいち早く調査する制度というよりは，大規模な埋立事業を港湾計画に組み入れ，承認するためのワン・ステップであるというのが正確である。ただし，一般の事業アセスメントとは異なり，アセスメントの実施時期が早く，この時点では事業も未だ予算化されていないのが一般的なので，事業アセスメントの場合に比べ，埋立計画の中止や変更の可能性は高まったといえるだろう。しかし，港湾計画について事業中止を含めた多角的な検討をするためには，スコーピングや評価書の審査手続を内部的なものに止めるのではなく，広く外部の意見を聞く手続が整備されるべきだろう。

　また，埋立事業については，冒頭に述べたように，四種類の環境審査手続があり，それぞれ異なる目的で運用されている。これらを住民にとって分かりやすいものに整備することも，残された課題である。

(1)　都市計画法の改正により，市町村の都市計画決定権限が拡大されたが，環境影響評価法の対象事業（施行令別表１）と重複するものは見当たらない。わずかに，面開発事業について別表では100ha以上を第一種事業，75ha以上100ha未満を第二種事業としているのに対し，都市計画法上，市町村長が50ha以下の土地区画整理事業について決定権限を有することになった点が注目される程度である。
(2)　環境庁環境影響評価研究会『逐条解説環境影響評価法』（ぎょうせい・1999年）（以下，『逐条解説』という）52頁。
(3)　山下淳「演習」法学教室228号（1999年）145頁。
(4)　遠藤博也『都市計画法50講［改訂版］』（有斐閣・1980年）59頁，182頁。
(5)　ただし，面開発事業については，宅地造成をのぞき，すべて都市計画法の規定により都市計画に定めるもののみが，第一種事業および第二種事業と

3 都市計画特例と港湾計画アセスメント

なる。環境影響評価法施行令別表第1の8-12。『逐条解説』299頁。したがって，都市計画に定められないものは国によるアセスメントの対象事業にならず，逆に都市計画決定されるものについては，一定規模以上のもの（注1参照）について必ず都市計画決定権者（知事）によるアセスメントがされるので，いずれにせよ国によるアセスメントはされないことになる。

（6） 建設省都市局都市計画課（監修）『逐条問答都市計画法の運用［第二次改訂版］』（ぎょうせい・1989年）（以下，『都計法の運用』という）265頁。なお，本稿・後出注（15）参照。

（7） 都計法24条の指示等については，都市計画中央審議会の「国の利害に重大な関係のある都市計画等について適切な決定・変更等が行われるためには不可欠である」という答申をうけ，指示権限のみならず，都市計画中央審議会の確認を得た上で代行措置をとることができる権限（同条4項）を残した。ただし，これまで実際に建設大臣が指示等を行った例はない。

（8） 知事がこのような一人二役を演じるのは，都道府県が事業者となる場合に一般的にみられる現象であって，特別視するにあたらないという意見がありうる。しかし，都道府県が事業者の場合には，事業計画の早い段階から事業の必要性等について議会や住民が関与することが可能であり，事業計画の作成と環境アセスメントの実施との間に連続性がある。国が事業者の場合，知事は事業決定・執行には関与できず，事業手続の一部にすぎない環境アセスメントの実施のみを代行することになる。

（9） 畠山武道「住民参加と行政手続」都市問題85巻10号（1994年）47-51頁，同「地方自治と住民参加」都市問題88巻5号（1997年）47-53頁。

（10） 山下・前掲（注3）145頁。

（11） 畠山武道『行政手続と住民参加』40頁（北海道町村会・1995年），同「住民参加と行政手続」前掲（注9）47頁。

（12） 「都市計画における環境影響評価の実施について」（昭和60年6月6日建設省都計発第34号）は，環境影響評価に関する専門的学識経験者を専門委員や臨時委員に任命し，あるいは専門小委員会を設置することを求めているが，これがどの程度実施されているのかは不明である。

（13） 特例を設ける必要性について，『逐条解説』187-188頁参照。

（14） 評価法47条以下の港湾計画アセスメントがその例である。また，やや性質が異なるが，旧北海道環境影響評価条例26条以下の規定により実施された「苫小牧東部地域に係る環境影響評価」（北海道・1996年8月）もこれにあたるだろう。

（15） ただし，現在の実務は，市街化区域と市街化調整区域の線引きなど，ごく例外的な場合を除き，公聴会を実施していない。『都計法の運用』256頁。

（16） 前注（14）の苫東アセスの場合，事業者は，苫東地域内における開発事業について，個別の事業毎に環境アセスメントをしなければならない。ただ

注

し，その手続は通常の手続に比べて簡易なものとなっている。
(17) D. L. Kreske, Environmental Impact Statements 49-50, 59-67, 89 (1996). ただし，これらは，戦略的環境評価（SEA）とは区別されるべきものである。
(18) 『都計法の運用』24頁。
(19) 遠藤・前掲（注4）59頁，182頁。
(20) 建設省は，「大規模公共事業に関する総合的な評価方策検討委員会報告書」(1995年10月) において公共事業実施における都市計画手続の積極的な活用をうたい，北海道で10年以上にわたり実施が中断していた千歳川放水路計画について，都市計画手続によって住民合意を取り付けることを知事に求めてきた。しかし，知事が同意せず，別途設けられた専門検討委員会が，放水路によらない治水対策を提言したために，放水路計画は事実上中止に追い込まれた。
(21) その他，主務大臣の認可を要する埋立について，環境庁が意見を求められた際にする回答（公有水面埋立法47条2項）も実質的には環境審査であり，環境庁に提出する書類を評価書とみなすこともできる。
(22) 建設省埋立行政研究会（編著）『公有水面埋立実務ハンドブック』（ぎょうせい・1995年) 27-28頁。また，実例について，同『公有水面埋立実務ハンドブック環境編』（ぎょうせい・1997年) 参照。
(23) 『逐条解説』218頁。
(24) 『逐条解説』216頁。
(25) 『逐条解説』222頁。
(26) 『逐条解説』221頁。
(27) 『逐条解説』221頁。
(28) 富井利安「環境影響評価法の制定とその検討」『社会文化研究』（広島大学総合科学部紀要II) 24巻（1998年）53頁。
(29) 『逐条解説』220頁。
(30) 『逐条解説』221頁。
(31) 『逐条解説』103頁。
(32) 富井・前掲（注28）54頁。

(補) 本稿脱稿後，村松勲「都市計画と環境アセスメント」東京学芸大学紀要第3部門　社会科学第51集（2000年1月) 1頁が公表された。本稿とはいくつかの点で見解を異にするが，示教されるところが大きいので，参照されたい。

4 環境影響評価制度における法律と条例の関係について

[倉阪　秀史]

要　旨

　環境影響評価制度における法律と条例の関係について，学説的検討と実際の環境影響評価条例の分析を行う。前半部では，平成9年の環境影響評価法（新法）は，昭和56年の環境影響評価法案（旧法案）と同様，法律先占論の考え方に立っているが，旧法案に対して行われた批判は新法に対しては成立せず，新法は地方自治の本旨に反する内容ではないことが述べられる。後半部では，新法の成立後に制定された条例には，新法に導入されたものの条例に十分盛り込まれなかった手続，新法に規定されていないものの条例で一般的に規定されている手続，新法に規定されていないものの制度の効果を高めるためには重要と考えられる手続のそれぞれが見られること及び新法に反する手続は見られなかったが一定の妥協の跡が見られることが指摘され，これらのことが来るべき法律の見直しの際に勘案されるべきことが述べられる。

一　はじめに

　平成9年6月13日に環境影響評価法が公布され，同法は平成11年6月12日に全面施行された[1]。国における法制化に伴い，地方公共団体において環境影響評価に関する条例を制定する動きが活発化し，ほぼ全都道府県・政令市において条例化が終了している。

二　環境影響評価法における環境影響評価条例・要綱の取扱い

　環境影響評価制度の見直し，特に，その条例化に当たっては，環境影響評価法との関係で，どこまで踏み込んだ内容の条例を作成することが可能かということが問題となる。本稿では，環境影響評価法における環境影響評価条例・要綱の取扱いに関する学説的な検討を行うとともに，これまでに制定された都道府県市条例の実例を紹介しつつ，環境影響評価制度における法律と条例の関係について改めて考えることとしたい。

　なお，本稿の内容は，当然のことながら，筆者が元所属していた機関（環境庁）の見解と見なされることがあってはならないことについて，念のために申し添える。

二　環境影響評価法における環境影響評価条例・要綱の取扱い

1　法律と条例との関係についての従来の学説

　地方自治法14条1項の「普通地方公共団体は，法令に違反しない限りにおいて……条例を制定することができる」という規定の解釈については，従来から，さまざまな議論が行われてきた[2]。

　伝統的には，法律先占（専占）論が学界の支配的な見解であった。法律先占論とは，国の法令が先占している事項については，法律の明示的な委任がない限り条例を制定し得ないとするものである。法律先占論のひとつの到達点である1964年の成田論文によれば，①国の法令が一定の基準を設けて規制している場合に，国の法令と同一の目的で，同一の事項につき法令よりも高次の基準を付加する条例，②国の法令が一定の規制をしている事項について国の法令と同一の目的で国の法令の規制より強い態様の規制をする条例，③法律の特別の委任がある場合にその委任の限界をこえる条例は，おおよそ，当該法令が条例による規制を明らかに認めていないと解される場合に該当し，「法令に違反する」と考えられるとされた。一方，①当該事項を規律する国の法令がなく，国法上全

4 環境影響評価制度における法律と条例の関係について

くの空白状態にあるものについて規制する条例, ②国の法令が規制している事項（対象）と同一の事項（対象）について当該国の法令とは異なった目的で規制する条例, ③国の法令が規制している目的と同一の目的の下に, 国の法令が規制の範囲外においている事項・対象を規制する条例は法令に違反しないものとされた[3]。

公害問題が顕在化し, 不十分な公害防止法令が存在するために法律先占論を適用すると条例における対応が十分に行えないという状況が発生するに及んで, 法律先占論を修正すべしとの主張が行われるようになった。このような主張には, ①公害規制法律ナショナル・ミニマム論（国の公害関係法令による規制は, 条例による規制を抑制するものではなく, 全国的・全国民的見地からする規制の最低水準を示すものと解すべきとする説), ②「必要な公害施策」禁止法律違憲論（人の健康を保護し, 生活環境を保全することは自治体の必須の事務であり, これを禁止する趣旨の法律の規定は憲法92条の「地方自治の本旨」に反し無効とする説), ③「固有の自治事務領域」規制法律ナショナルミニマム論（公害防止, 地域的自然環境の保護, 土地利用の計画化など, 地方自治の核心部分たる「固有の自治事務領域」につき, 国が法律を制定して規制措置を定めた場合には, 全国一律に適用さるべきナショナル・ミニマムの規定と解すべきとする説) を挙げることができる。

これらの主張は, 概ね, 憲法において保障された「地方自治の本旨」にのっとり, 地方公共団体の自治権を不当に侵害する趣旨の法律は認められないという考え方に基づくものであった。

さらに, 主に公害・環境といった特定の領域の問題に関して行われたこれらの主張を踏まえ, 法律と条例の間の一般原則を探るものとして, 「規制限度法律・最低基準法律区別論」と称される説が登場した。これは, 規制事項の性質と人権保障に照らして, 当面における立法的規制の最大限までを規定していると解される法律（規制限度法律）と全国的な規制を最低基準として定めていると解される法律（全国的最低基準法律）に区別し, 後者については, 各地方の行政需要に応じて自治体において法律に定められた以上の規制を行うことが可能であるとするものである。

二　環境影響評価法における環境影響評価条例・要綱の取扱い

　このとき，両者の区別の根拠を当該法令の解釈に求めれば，伝統的な法律先占論の枠組みを崩すことなく，規制限度法律・最低基準法律区別論を採用することが可能となる。最高裁の徳島市公安条例事件上告審判決（最大判昭50・9・10刑集29巻8号489頁）は，「両者が同一の目的に出たものであっても，国の法令が必ずしもその規定によって全国的に一律に同一内容の規制を施す趣旨ではなく，それぞれの普通地方公共団体において，その地方の実情に応じて，別段の規制を施すことを容認する趣旨のものと解されるときは，」「条例が国の法令に違反する問題は生じえない」としており，このような考え方に沿ったものと言えよう。

2　旧法案における地方制度の取扱い

　環境影響評価制度の法制化は，昭和50年代に一度試みられ，失敗に終わった経緯がある。昭和56年4月には，環境影響評価法案が閣議決定され，第94回国会に提出された。この法案（以下「旧法案」という。）では，第42条（条例との関係）において，「この法律の規定は，事業者が行う対象事業以外の土地の形状の変更又は工作物の新設若しくは増改築の事業について，地方公共団体が条例で環境影響評価に係る必要な規定を定めることを妨げるものではない。」と規定されていた。この条文では，対象事業への条例の適用について直接規定しているわけではないが，当時の政府見解（昭和56年3月10日環境庁・自治省統一見解）は，「法律の対象事業については，条例で法律に定められた環境影響評価の統一した手続等を変更させることは認められない。法律の対象事業について，条例で手続等を附加し，このことにより，法律に定める手続等の進行を妨げ，又は瑕疵を生じさせることは認められず，そのような条例を定めることはできない。また，法律の対象事業について，公害の防止及び自然環境の保全の観点から，条例で環境影響評価の一連の手続等を定めることもできない。」というものであった。

　また，旧法案においては，第38条（地方公共団体の施策）として，「地方公共団体は，当該地域の環境に影響を及ぼす土地の形状の変更又は工作物の新設若しくは増改築の事業について環境影響評価に関し必要な施

4 環境影響評価制度における法律と条例の関係について

策を講ずる場合においては,この法律の趣旨を尊重して行うものとする。」という条文もおかれていた。前記の政府見解によれば,「法律の対象外の事業について,条例で環境影響評価の手続等を定めることとするかどうかは当該地方公共団体において判断されるべき事柄であるが,条例を定める場合において,地方公共団体は当該条例の手続等を法律の手続等と整合のとれたものとするよう要請されている。なお,地方公共団体が環境影響評価に関する要綱等を定める場合も同様である。」とされており,「法律の趣旨を尊重して行う」との内容は,条例・要綱等の環境影響評価の手続等を法律の手続等と「整合のとれたものとする」ことを要請したものと解釈されていた。

3 旧法案に対する批判

旧法案は,実質的な審議がほとんど行われないまま,昭和58年11月の衆議院の解散に伴い廃案となった。その後,法案の国会への再提出も行われず,昭和59年8月に環境影響評価実施要綱が閣議決定され,旧法案の内容の制度をとりあえず行政指導によって開始することとなる。

旧法案は,与党のみならず,野党からも支持が得られず,国会において店晒しにされたのであるが,その一因に,旧法案の地方制度の扱いに対する批判が起こったことを含めることができる[4]。

法学者からの批判としては,西尾論文(西尾勝「環境影響評価法案の新論点」ジュリ714号69-73頁(1980年))を挙げることができる。この論文においては,昭和55年春の環境庁原案において,旧法案第45条及び第38条の考え方が示されていたことに対して,これが従来の立法慣行に反していると指摘した上で,次の四点を指摘し,実質的にも不合理であると批判している。第一に,環境影響評価は「個別具体の事業と特定の地域との適合性を判断する」ためのものであるが,このような地域適合性を評価するための評価項目と技術的手法を全国一律に定めることは「環境影響評価本来の意義を失わせ」不適切であること,第二に,実体法たる公害関係法で規制基準の上乗せを認めているときに,環境影響評価法において評価の技術的方法の地域差を容認しないことは首尾一貫しない

二　環境影響評価法における環境影響評価条例・要綱の取扱い

こと，第三に，手続法たる環境影響評価法に対する上乗せとしては，純然たる手続に係る上乗せも定めうるが，純然たる手続上の上乗せが法の趣旨目的に照らしてどこまで合法かといった点は個々の事項ごとに判断されねばならず，これを一切禁ずることにどれだけの合理性があるか疑わしいこと，第四に，法案の予定する対象事業以外の事業について自治体が独自に条例で対象とするときに，法案の評価項目と技術的手法に準ずるように求めることに合理的な論拠がないこと。以上の四点である。

4　新法における地方制度の取扱い

中央環境審議会答申においては，国の制度と地方公共団体の制度の調整について，「国の制度においては，国の立場からみて一定の水準が確保された環境影響評価を実施することにより環境保全上の配慮をする必要があり，かつ，そのような配慮を国として確保できる事業を対象とすることとし，国の制度の対象事業については，国の手続と地方公共団体の手続の重複を避けるため，国の制度による手続のみを適用することが適当である。ただし，スコーピング段階，準備書段階などにおいて地方公共団体の意見を聴取することにより，地域の自然的社会的特性に応じた環境影響評価が実施されるよう，制度の運用面における配慮を行うことが適切である。」とされた（中央環境審議会企画政策部会『今後の環境影響評価制度の在り方について（答申）』(1997年))。

このような考え方を踏まえて，平成9年に制定された環境影響評価法（以下この章において「新法」という。）においては，地方制度との関係について，次のような条文がおかれている。

（条例との関係）
第60条　この法律の規定は，地方公共団体が次に掲げる事項に関し条例で必要な規定を定めることを妨げるものではない。
一　第二種事業及び対象事業以外の事業に係る環境影響評価その他の手続に関する事項
二　第二種事業又は対象事業に係る環境影響評価についての当該地方公共団体における手続に関する事項（この法律の規定に反しないものに限

4 環境影響評価制度における法律と条例の関係について

る。)
(地方公共団体の施策におけるこの法律の趣旨の尊重)
第61条　地方公共団体は，当該地域の環境に影響を及ぼす事業について環境影響評価に関し必要な施策を講ずる場合においては，この法律の趣旨を尊重して行うものとする。

1　新法60条の解釈

新法60条の解釈に当たっては，「第二種事業」の指し示す範囲と，2号の事項の範囲が問題となろう。

まず，前者については，「環境影響評価法の施行について」(環企評第20号平成10年1月23日都道府県知事・政令市長宛環境庁企画調整局長通知；以下「局長通知」という。)によれば，60条各号の「第二種事業」とは，「第二種事業に係る判定を受ける前の概念」であり，第二種事業のうち「環境影響評価その他の手続が行われる必要がないという判定がなされ，対象事業とならなかった事業については，地方公共団体が条例により環境影響評価その他の手続を規定し，これを行うことを妨げるものではない。」とされている。つまり，新法2条3項において「第二種事業」が新法4条の判定を行う必要のある事業と定義されているため，判定により対象事業とならなかった事業は，もはや第二種事業ではないのである[5]。このように，新法60条1号では，法律の対象事業種以外の事業への横だしや法律の第二種事業規模に満たない事業への裾だしはもとより，法4条の判定の結果対象事業とならなかった事業についても条例で規律することを可能としているのである[6]。

後者について，「局長通知」では，「対象事業等について，条例によって，法律の規定に反しない限りにおいて地方公共団体における手続を規定すること(例えば，地方公共団体の意見の形成に当たって公聴会，審査会を開催すること等)ができ，法律で定められた手続を変更し，又は手続の進行を妨げるような形で事業者に義務を課すこと(例えば，事業者に対して，公聴会の出席など説明会以外の方法によって準備書を周知する義務を課すこと，見解書を縦覧し住民等の意見を求める義務を課すこと等)はできないことを意味するものである。」としている。ただし，どのよ

うな手続が許容され，あるいは許容されないのかという点については，局長通知においてそれぞれに例示されているものの，網羅的に示されているわけではない。この点については，具体的な事例に則して，次章において検討することとしたい。

なお，局長通知では，「法により環境影響評価に関する一連の手続が定められている第二種事業又は対象事業については，条例により環境影響評価に関する一連の手続を定めることができないという旨を表す表現として「地方公共団体における手続」という表現を使用した」とされており，「Aを妨げるものではない」という60条の規定をもって，「$\overline{\text{A}}$を妨げるものである」との解釈を併せて行っていることがわかる。

2　新法61条の解釈

新法61条においては，「この法律の趣旨を尊重して行う」の意味内容が問題となる。この点について，局長通知では，「この規定は，地方公共団体が条例その他の施策により環境影響評価その他の手続を定めるに当たっては，法律全体の趣旨を参照し，整合のとれたものとすることが要請されるという考え方の方向を訓示規定として示しているものであり，法の個々の手続を個別に参照することを求めたものでない。」としており，ある程度柔軟性をもって解釈されるべきとの姿勢が示されている。

以上のように，政府による新法60条，61条の条文の解釈は，基本的に，旧法案の条文解釈を踏襲したものとなっていることがわかる。

5　新法における地方制度の取扱いの評価

条文解釈は旧法案の条文解釈を踏襲しているものの，新法における上記のような地方制度の取扱いに関しては，旧法案に関して行われた批判と同様の批判は成立しない。

旧法案と新法との最大の相違は，方法書の手続の導入である。旧法案では，事業者は，業種毎に定められる全国一律の技術指針に従って環境影響評価を行うこととされていた。一方，新法においては，事業者は，まず，国の技術指針において業種毎に示される標準的な評価項目と評価

4 環境影響評価制度における法律と条例の関係について

方法をもとに,自らが行う地域概況調査を踏まえて,当該地域に応じた評価項目と評価方法を検討する。そして,その結果を方法書の形で公開し,方法書手続によって提出される各種意見を考慮して,当初の評価項目・方法の案を見直すという手続がとられることとなる。この過程で,標準的な評価項目と評価方法にない項目や方法もとりうることとなる。つまり,評価の項目や評価の方法を国の技術指針のみによって定めていた旧法案とは異なり,新法では,評価の項目や評価の方法は,業種ごとの標準的な特性によって定められた国の業種別技術指針と,当該事業が行われる地域の特性を反映した方法書への意見の双方によって定められることとなる。

したがって,西尾論文が旧法案において指摘した第一及び第二の点は,すでに新法においては解決済みの事項と言える。

それでは,西尾論文の第三の点はどうだろうか。純然たる手続の上乗せについては,国の法律と条例との関係に係る過去の学説を見ても十分に検討されているとは言い難い。国の基準よりも厳しい基準を用いる場合や,法律における行政の関与形態より明らかに強い関与形態を採用する場合(例えば,届出制を許可制にするなど)については,どちらの制度の方が「厳しい」のかが明確であるが,異なる手続を採用する場合(例えば,意見の提出先を事業者とするか知事とするかなど)にどちらが「厳しい」かを判断することはなかなかに困難である[7]。

西尾論文は,この点について,純然たる手続上の上乗せが法の趣旨目的に照らしてどこまで合法かといった点は個々の事項ごとに判断されねばならないとしているが,この考え方は概ね妥当であろう。しかし,個別解釈にすべて委ねることも立法政策としては不適切である。したがって,新法においては,前記のとおり,60条2号において,この法律の規定に反しない限りにおいて,地方公共団体における手続を上乗せすることを容認した。これは,純然たる手続上の上乗せを認めた上で,そのメルクマールをあらかじめ指し示したものである。

このとき,当該メルクマールに関する政府解釈の妥当性を検討しよう。第一に,政府解釈においては,前述のように,首長意見の形成手続等の地方公共団体における手続を上乗せすることを許容するものの,「法律

二　環境影響評価法における環境影響評価条例・要綱の取扱い

で定められた手続を変更し，又は手続の進行を妨げるような形で事業者に義務を課すこと」は許されていないことを意味しているものとされている。この解釈の妥当性については，次のように考える。

まず，新法1条（目的）において，この法律は「環境影響評価が適切かつ円滑に行われるための手続その他所要の事項を定め」るものであるとされ，3条（国等の責務）において，「国，地方公共団体，事業者及び国民は，……この法律の規定による環境影響評価その他の手続が適切かつ円滑に行われ」るようにそれぞれの立場で努めなければならないこととされていることにかんがみれば，この法律は，適切に環境影響評価を行うという目的とともに，円滑に環境影響評価を行うという目的も併せ持っているところである。したがって，このような法目的に照らせば，手続を変更し，その進行を妨げるような条例を排除するという政府解釈は妥当な解釈であると考えられる(8)。

ただし，このような解釈によって，地方公共団体に対して地域の特性に応じた環境影響評価の実施を求める途を閉ざすこととなれば，このような法目的自体が憲法で保障されている「地方自治の本旨」に照らして妥当ではないということとなろう。しかし，環境影響評価法は，評価項目及び評価方法の選定に際して地域特性を反映する途を開くとともに，首長意見の形成のための公聴会・審査会等の「地方公共団体における手続」を上乗せすることを明示的に許容している。具体的にどのような手続が「地方公共団体における手続」かという点については十分に明らかにされていないものの(9)，このような法が「地方自治の本旨」に反するとは言えないのではないか。

第二に，前述のように，政府解釈においては，「地方公共団体における手続」と明示していることによって「条例により環境影響評価に関する一連の手続を定めることができない」という旨，つまり，同じ内容の事業に対して国のアセス制度と地方のアセス制度が重複して適用され，別々の環境影響評価の実施を求めることができない旨が示されているとしている。

この点に関しては，自治体の環境影響評価制度が自治体環境管理計画に適合しているかどうかを個別的に判断するプロセスであり，法律で持

4 環境影響評価制度における法律と条例の関係について

ちえない自治体固有の目的と意義を有するため、環境影響評価法が対象としている事業に関して別途条例によって事業者に法的義務を課すことが解釈上も可能であるとする議論がある（北村喜宣「自治体環境影響評価条例の目的の再認識」産業と環境26巻8号（1997年）、同「環境影響評価条例と法律対象事業——川崎市環境影響評価条例を例にして」判タ954号79-88頁（1998年）本書5章参照）。仮に、旧法案のように、国の技術指針のみに従って環境影響評価の項目や方法が定められる制度であれば、自治体環境管理計画に適合しているかどうかの判断材料となるような環境影響評価を行うことを地方公共団体が事業者に求め得ないため、別途の環境影響評価を条例で規定する必要があるという議論も成立する余地があろう。しかし、新法においては、前述のように、事業特性を踏まえて国の技術指針に示される標準項目・手法と方法書手続等を通じて収集された地域特性に応じて、具体的な評価項目や手法を定めることとなっている。つまり、新法では、地方公共団体に対して、環境基本条例、地域環境管理計画などとの整合性が保たれた環境影響評価の実施を求める途を開いているのである。

また、環境影響評価法は許認可等国の判断プロセスに評価の結果を反映する仕組みをとっており、自治体の環境管理計画への適合性を判断するという仕組みとはなっていないことは確かである。条例等において当該地域において事業を行う場合に配慮すべき事項を定めることを環境影響評価法が禁止するものではなく、環境影響評価法の対象となったからといってこのような地域特性に応じた規範に従わなくても良いということにもならないはずである。したがって、後述の神戸市条例のように、地方公共団体において地域特性に応じた環境配慮指針を策定し、これに対する配慮義務を法が対象とする事業を含め、当該地域への立地を予定している事業一般に求めることも可能であろう。また、配慮義務の履行を確保するための措置を条例に定めることもできよう。つまり、自治体の環境管理計画の遵守義務を条例で定めること自体は、環境影響評価法に抵触しない。

自治体が自治体環境管理計画に適合しているかどうかを判断するという独自の目的を持つことは認めるものの、以上のように、環境影響評価

法の手続を用いてあるいはこれに抵触しない形で当該目的を実現する途が開かれているため，このことは環境影響評価の手続を重複して定めることができるとする積極的な根拠にはならないのではないか。

最後に，西尾論文の第四の点に簡単に触れよう。第四の点は，法の対象とする事業以外の事業について自治体が独自に条例で対象とするときに，法案の評価項目と技術的手法に準ずるように求めることに合理的な論拠がないということであった。西尾論文の批判対象となった昭和55年春の環境庁原案では，条例で技術指針を定めるときには国の指針に準じて定めるものとするという趣旨の条文が含まれていた模様であるが[10]，すでに旧法案の段階でこの国に準じた技術指針という考え方は採用されなかった。新法では，そもそも国の技術指針のみによって評価する形態をとっていないうえ，前記のとおり，新法61条は，法律全体の趣旨を参照し，整合のとれたものとすることが要請されるという考え方の方向を訓示規定として示しているにとどまっているという政府解釈である。したがって，実務上の問題点は特に生じないのではなかろうか[11]。

条例による「上乗せ」の議論は，国法が地方の実情を踏まえずに規範を設定することに対して，「地方自治の本旨」に反するのではないかとして，発展してきたものである。環境影響評価法に係る「上乗せ」の議論を検討する際には，「上乗せ」論の原点に立ち返り，環境影響評価法がそもそも「地方自治の本旨」に反する内容のものかどうかを検討し，なぜ「上乗せ」が必要かを十分検討する必要があろう。

三　具体的な事例に即した検討

本章では，環境影響評価法（以下この章において「法」という。）の成立後に，法に対応して制定された条例の実例を通して，地方公共団体における環境影響評価制度の在り方と法の対象となる事業（第二種事業及び対象事業；以下「法対象事業」という。）に係る手続の上乗せの状況を検討したい[12]。

4 環境影響評価制度における法律と条例の関係について

1 新条例における制度の内容

1 制度見直しの状況と制度の形式

法に対応して制定された環境影響評価条例は，平成11年12月31日現在で表1に掲げるとおりである。これにより，環境影響評価条例を制定している都道府県・政令市は，52団体となった（平成12年6月30日現在では，56団体）[13]。

2 対象事業のカテゴリー

（1） **スクリーニング** 法はアセスの要・不要を個別に判断するスクリーニング制度を導入した。ただし，国・地方をあわせた環境影響評価制度において最小の規模の要件を定める制度は，地方の制度であることから，スクリーニングの考え方は地方制度においてその本来の趣旨が発揮されるものと考えられる。しかしながら，スクリーニングの対象となる事業のカテゴリーを導入している条例は，北海道，青森県，岩手県，福島県，千葉県，福井県，山梨県，長野県，静岡県，京都府，山口県，高知県，札幌市，横浜市の14団体に止まっている。なお，札幌市は特定地域内の第二種事業についてスクリーニングを実施する方式を採用している。

（2） **特別地域方式** スクリーニングの個別判断手続を有しないが，自然公園区域等の特別の地域において行われる事業について規模要件を引き下げる旨を条例で規定しているものは，山形県，長野県，兵庫県，鳥取県の4団体である。なお，この項及び以下の4つの項は法には定められていない規定である。

（3） **準用事業** 規模に満たない事業であっても事業者の申し出によりアセス手続を実施できる旨を定めている条例は，三重県，長崎県，大分県，川崎市，広島市の5団体である。

（4） **規模未満事業への要請・指導** 規模に満たない事業に対して市長がアセス手続を実施するよう要請・指導できる旨を定めている条例は，仙台市，川崎市（複合開発事業について第三カテゴリー相当の簡易アセスを求める（次項参照）），北九州市の3団体である。

三 具体的な事例に即した検討

表1 環境影響評価法に対応した条例・要綱の見直し・新規制定の状況（公布日順）

（平成11年12月31日現在）

団体名	名称	公布日	施行日	見直し形態
兵 庫 県	環境影響評価に関する条例	9. 3.27	10. 1.12	要綱→条例
神 戸 市	神戸市環境影響評価等に関する条例	9.10. 1	10. 1.12	要綱→条例
熊 本 県	熊本県環境影響評価要綱	9.12.26	10. 4. 1	要綱の新規制定
宮 城 県	宮城県環境影響評価条例	10. 3.26	11. 6.12	要綱→条例
山 梨 県	山梨県環境影響評価条例	10. 3.27	11. 6.12	条例→条例
大 阪 府	大阪府環境影響評価条例	10. 3.27	11. 6.12	要綱→条例
北九州市	北九州市環境影響評価条例	10. 3.27	11. 6.12	運用指針→条例
長 野 県	長野県環境影響評価条例	10. 3.30	11. 6.12	要綱→条例
福 岡 市	福岡市環境影響評価条例	10. 3.30	12. 3.29	条例の新規制定
大 阪 市	大阪市環境影響評価条例	10. 4. 1	11. 6.12	要綱→条例
千 葉 県	千葉県環境影響評価条例	10. 6.19	11. 6.12	要綱→条例
岩 手 県	岩手県環境影響評価条例	10. 7.15	11. 6.12	条例の新規制定
千 葉 市	千葉市環境影響評価条例	10. 9.24	11. 6.12	要綱→条例
横 浜 市	横浜市環境影響評価条例	10.10. 5	11. 6.12	要綱→条例
広 島 県	広島県環境影響評価に関する条例	10.10. 6	11. 6.12	要綱→条例
京 都 府	京都府環境影響評価条例	10.10.16	11. 6.12	要綱→条例
北 海 道	北海道環境影響評価条例	10.10.26	11. 6.12	条例の改正
仙 台 市	仙台市環境影響評価条例	10.12.16	11. 6.12	条例の新規制定
愛 知 県	愛知県環境影響評価条例	10.12.18	11. 6.12	要綱→条例
京 都 市	京都市環境影響評価等に関する条例	10.12.21	11. 6.12	要綱→条例
福 島 県	福島県環境影響評価条例	10.12.22	11. 6.12	要綱→条例
神奈川県	神奈川県環境影響評価条例	10.12.22	11. 6.12	条例の改正
奈 良 県	奈良県環境影響評価条例	10.12.22	11.12.21	条例の新規制定
鳥 取 県	鳥取県環境影響評価条例	10.12.22	11. 6.12	要綱→条例
山 口 県	山口県環境影響評価条例	10.12.22	11. 6.12	要綱→条例
名古屋県	名古屋県環境影響評価条例	10.12.24	11. 6.12	要綱→条例
三 重 県	三重県環境影響評価条例	10.12.24	11. 6.12	要綱→条例
滋 賀 県	滋賀県環境影響評価条例	10.12.24	11. 6.12	要綱→条例
福 岡 県	福岡県環境影響評価条例	10.12.24	11.12.23	要綱→条例
埼 玉 県	埼玉県環境影響評価条例	10.12.25	11. 6.12	条例の改正
東 京 都	東京都環境影響評価条例	10.12.25	11.12.23	条例の改正
群 馬 県	群馬県環境影響評価条例	11. 3.15	11. 6.12	要綱→条例
福 井 県	福井県環境影響評価条例	11. 3.16	11. 6.12	要綱→条例
岐 阜 県	岐阜県環境影響評価条例	11. 3.16	11. 6.12	条例の改正
大 分 県	大分県環境影響評価条例	11. 3.16	11. 9.15	要綱の新規制定→条例1)
茨 城 県	茨城県環境影響評価条例	11. 3.19	11. 6.12	要綱→条例
栃 木 県	栃木県環境影響評価条例	11. 3.19	11. 6.12	要綱→条例
石 川 県	石川県環境影響評価条例	11. 3.19	11. 6.12	要綱→条例
静 岡 県	静岡県環境影響評価条例	11. 3.19	11. 6.12	要綱→条例
岡 山 県	岡山県環境影響評価等に関する条例	11. 3.19	11. 6.12	要綱→条例
香 川 県	香川県環境影響評価条例	11. 3.19	11. 6.12	要綱→条例
愛 媛 県	愛媛県環境影響評価条例	11. 3.19	11. 6.12	要綱→条例
高 知 県	高知県環境影響評価条例	11. 3.26	11.10. 1	要綱→条例
広 島 市	広島市環境影響評価条例	11. 3.31	11. 6.12	要綱→条例
富 山 県	富山県環境影響評価条例	11. 6.28	11.12.27	要綱→条例
佐 賀 県	佐賀県環境影響評価条例	11. 7. 5	12. 8. 1	条例の新規制定
山 形 県	山形県環境影響評価条例	11. 7.23	12. 4. 1	要綱→条例
島 根 県	島根県環境影響評価条例	11.10. 1	12. 4. 1	要綱→条例
長 崎 県	長崎県環境影響評価条例	11.10.19	公布日から6月以内	要綱→条例
新 潟 県	新潟県環境影響評価条例	11.10.22	12. 4.22	要綱→条例
札 幌 市	札幌市環境影響評価条例	11.12.14	12.10. 1	条例の新規制定
川 崎 市	川崎市環境影響評価に関する条例	11.12.24	公布日から1年以内	条例の改正2)
青 森 県	青森県環境影響評価条例	11.12.24	公布日から6月以内	要綱の新規制定→条例3)

注1）大分県は、平成10年2月10日に大分県環境影響評価要綱を新規制定した後に、当条例を制定している。
 2）川崎市は、平成11年3月19日に既存条例を法に対応した形で一部改正した後に、同条例を再度全面改正した。
 3）青森県は、平成11年5月28日に青森県環境影響評価要綱を新規制定した後に、当条例を制定している。

(5) **簡易手続対象種** 宮城県，群馬県，岐阜県及び大分県は，住民参加のない簡易手続きを行う事業のカテゴリーを設けている。また，川崎市は，対象事業種を，スコーピングからの手続を全部実施する第一カテゴリー，スコーピングがなく事後調査も技術指針で必要とされた場合のみ義務づけられる第二カテゴリー，スコーピング，公聴会，事後調査（原則として）がなく審査会手続も必要に応じて行われる第三カテゴリーの3つに分類している。

(6) **複合・関連事業に対する手続の併合実施要請** 複合事業や関連事業に対して手続を併合して実施するよう知事や市長が要請できる旨を定めている条例は，埼玉県，千葉県，東京都，福井県，岐阜県，三重県，千葉市，横浜市，名古屋市，神戸市の10団体である。なお，滋賀県，札幌市は，対象事業種の一種として複合開発事業というカテゴリーを設けている。また，川崎市は，既述のとおり，複合開発事業について簡易アセスを求めることができることとされている。

3 事前の環境配慮

事前の環境配慮に関する条項で法に定められていない内容を規定している例は，つぎのとおりである。

(1) **環境配慮指針への適合義務** あらかじめ環境配慮指針を公表し，計画の立案に際して環境配慮指針への適合を求めている条例は，札幌市，名古屋市，京都市，神戸市，広島市である。また，川崎市では，市民の意見と審査会の意見を聞いて作成した地域環境管理計画への適合を求めている。

なお，埼玉県は，環境の保全についての配慮事項を調査計画書に記載することを求めている。また，神奈川県は，準備書において手続を行う前に配慮した事項を記載することを求めている。

(2) **事業計画書等の作成** 千葉県と千葉市では，方法書の送付の30日前に事業計画書（千葉市は事業計画概要書）を送付することを求めており，計画書（概要書）は方法書の縦覧開始まで縦覧されることとなっている。川崎市では，指定行為の届出として，方法書とともに，事業概要等を届け出させることとしている。仙台市では，方法書作成前に事前

調査を行い，その結果と環境配慮事項を記載した調査計画書を方法書とは別に作成することを求めている。川崎市と同様に，この調査計画書は方法書と併せて市長に提出するものとされている。

　仮に，方法書の作成の前に，事業者に対して事業計画の内容を届出させ，知事や市長がこれに意見を述べることとする手続きを条例において定めることは，方法書が公告・縦覧され，一般意見や市町村意見を聞いてから，知事や市長が意見を述べることとしている環境影響評価の手続きの趣旨を損なうこととなるおそれがあり，法61条に照らして問題があろう（注11参照）。ただし，千葉県条例，千葉市条例では，方法書の前に事業概要等の提出を求めるものの，知事や市長が意見を述べる手続が置かれていないため，（運用次第ではあるが）ただちに問題であるとは言えないのではないか。

（3）　**計画策定段階の環境影響評価等**　　川崎市は，市が行おうとする第一カテゴリーの事業種について，技術指針で定める時期までに環境配慮計画書を作成し，市民の意見を聞くこととしている。福岡県は，県の責務規定において，「県が実施する事業で環境に影響を及ぼすおそれのあるものについては，当該事業に係る基本的な構想又は計画の策定に際して，環境の保全について適正な配慮をするものとする」（3条2項）と規定している。同様の規定は長崎県条例にも置かれている。これらの規定は，政策や計画段階の環境影響評価制度の先駆として高く評価されるべきであろう。

（4）　**アセス手続の実施時期の明示**　　方法書手続を開始するべき時期を明示している条例は，仙台市，名古屋市，神戸市，福岡市（以上：①事業の内容がおおむね特定され，②アセスの結果に基づいてその計画を修正できる時期），広島市（変更可能な時期），神奈川県，横浜市（以上：規則で定める）の各団体である。また，千葉県は準備書の送付時期，宮城県は評価書の送付時期，福井県はアセス手続を終えるべき時期をそれぞれ定めている。

（5）　**代替案の検討の明示**　　条例において，代替案に係る記述を明示的に行っているものとしては，次のものがある。方法書の記載事項として代替案がある際に記述させるものは，山形県及び神奈川県である。

準備書の記載事項中「環境の保全のための措置」には代替案の検討を含む旨を括弧書きで明記するものは，千葉県，京都府，大阪府，千葉市の4団体である。環境影響評価の定義に，代替案の検討を含めるものは，川崎市である。

4　スコーピング
（1）　導入の有無　　法では，住民参加を伴うスコーピング手続きを導入したが，新しく定められた条例はすべてこの手続を導入している。
（2）　方法書の周知　　法は，方法書について公告・縦覧以外の周知手続を定めていない。新しく制定された条例では，公告・縦覧以外に，方法書の内容を周知させる手続の実施を求めるものとして，青森県，高知県，千葉県，神奈川県，横浜市，川崎市，名古屋市，京都市，広島市の各条例がある。
（3）　調査・予測・評価の方法の方法書への記載　　法では，事業者において決定されていないときには調査・予測・評価の方法については方法書に記載しなくともよい形となっている。一方，新たに制定された条例で，調査・予測・評価の方法を方法書に必ず記載すべきこととしているものは，千葉県，岐阜県，大阪府，千葉市，横浜市，川崎市の6団体である。また，北海道，埼玉県，神奈川県，札幌市は，調査の手法までの記載を義務化している。なお，兵庫県は，調査等の計画を記載することとしているため比較ができなかった。
（4）　方法書段階での事業者見解の提出　　法は方法書段階での事業者見解を提出する手続を定めていないが，方法書への一般意見に対する事業者見解の提出を義務づけている条例は，山形県，東京都，三重県，京都府，大阪府，兵庫県，岡山県，長崎県，札幌市，京都市の9団体である。また，任意の手続として知事が事業者見解を求めることができる旨を規定している条例は，山形県，名古屋市，大阪市である。なお，神戸市，川崎市は，見解と明示していないが，必要な資料の提出を求めることができると規定している。広島市は，事業者は見解を述べることができると規定している。
（5）　選定結果の送付・公表　　方法書手続を行った結果として，事業

者がどのような調査等の項目と方法を選定したのかという点については，法の手続では，準備書の記載事項として記載されるまで事業者以外の者にはわからないこととなっている。一方，新しく制定された条例では，3団体で選定結果の送付・公表に関する手続を定めている。山形県は，項目等を選定した後に改めて方法書を作成して知事と関係市町村長に送付することを求めている。東京都条例では，知事が修正した調査計画書の提出を求めることができ，提出されたときにそれを公表する旨が規定されている。静岡県では，選定後，調査実施計画書を作成し，知事と市町村長に送付することを求め，知事は送付された調査実施計画書を公表することとしている。このような試みは，事業者による調査・予測・評価の作業の透明性を高めるとともに，住民等との対話を促進させる機会となるものと考えられる。

（6） 技術指針規定との整合性　法では，技術指針は，環境影響評価の項目及び手法そのものを定めるものではなく，環境影響評価の項目及び手法を選定するためのものと位置づけている。これは，二5で既述したように，個別事業の特性や地域の特性に応じたアセスを行うという法の精神が反映された重要な規定である。しかし，新しい条例では，技術指針で項目や手法そのものを定めるという規定としているものがある。このようなものとしては，埼玉県，東京都，神奈川県，山梨県，岐阜県，京都府，大阪府，兵庫県，奈良県，仙台市，千葉市，横浜市，川崎市，神戸市，広島市，北九州市の各条例を挙げることができる。具体的な技術指針の内容まで確認できなかったが，指針を定める際には，事業者が方法書手続に従って項目や方法を選定することを許容する指針とする必要があろう。

5　意見提出者の範囲

法においては，意見を有するものであるならば誰でも意見を述べられることとなっているが，北海道条例と東京都条例は，意見提出者の範囲を，それぞれ道民と都民に限定している。環境情報を幅広く得るという観点からは，意見提出者の範囲を限定する必要はないのではないか。

4 環境影響評価制度における法律と条例の関係について

6 意見提出機会

　方法書と準備書以外に，一般意見の提出機会を設けているものとしては，準備書段階の見解書への再意見を認めているものとして北海道及び東京都の2団体，評価書段階での意見を認めているものとして横浜市，事後調査報告書への意見・申し出を認めているものとして，北海道，埼玉県，神奈川県，山梨県，静岡県，札幌市，仙台市，川崎市，広島市の9団体がある。

7 関係地域

（1）　**関係地域の設定に当たっての関与**　　法では，規則に示す基準に沿って事業者が自ら関係地域を判断することとされている。一方，知事又は市長が関係地域を設定することとしている条例は，北海道，埼玉県，東京都，大阪府，名古屋市（事業者と協議），大阪市，神戸市，北九州市の8条例である。また，事業者が定める際に，知事と協議することを求める条例は，群馬県，京都府の各条例である。事業者が提出した関係地域案について，市町村長・知事が意見を述べることとしている条例は，滋賀県，岡山県の各条例である。なお，仙台市は，方法書に関係地域を記載させ，方法書手続の中で関係地域についても意見が述べられる形式にしている。また，福岡県では，書類を送付していない市町村長から求めがあった場合に，書類を送付する義務を課している。

（2）　**関係地域の意見と他の意見の区別**　　法では，関係地域は，書類を送付する市町村の範囲，縦覧や説明会の場所を規定することとなり，ほとんどの条例も同様である。ただし，岐阜県条例においては，事業者に対し，関係地域の住民の意見と関係住民以外の者の意見を区分する形で意見概要を作成させ，関係市町村長は関係住民の意見について特に配慮するものとしている。豊富な環境情報を有する専門家が必ずしも関係住民であるとは限らないことから，このような区別を行うことは妥当ではないのではないか。

8 周　知

（1）　**説明会等周知計画への関与**　　法では，説明会の日時や場所等は

事業者が判断することとしているが、条例では、知事や市長が説明会等の周知方法の決定に関与する規定が見られる。北海道は、知事が説明会の日時・場所を決めることとしている。また、事業者が日時・場所を定める際に知事と協議しなければならない旨を定める条例は、宮城県（すべて）、岐阜県及び札幌市（関係地域外で行おうとするとき）である。あらかじめ知事や市町村長の意見を聞かなければならないこととしている条例は、長野県、滋賀県、岡山県（周知計画書を作成して意見を聞く）である。周知計画について知事や市長の承認を得ることを求める条例は、千葉県、神奈川県、千葉市、横浜市である。知事や市町村長に、説明会の日時・場所等を通知・届出しなければならないとしている条例は、青森県、茨城県、東京都、新潟県、岐阜県、京都府、兵庫県、鳥取県、島根県、札幌市、川崎市（周知計画の届出）、大阪市、北九州市、福岡市の各条例である。

（2）　説明会の事後報告　　法では説明会の報告を求めていないが、説明会の状況等の報告を求めている条例は、青森県、福島県、茨城県、栃木県、埼玉県、千葉県、東京都、神奈川県、新潟県、岐阜県、滋賀県、京都府、大阪府、兵庫県、奈良県、島根県、香川県、大分県、仙台市、千葉市、横浜市、川崎市、名古屋市、京都市、大阪市、神戸市、広島市、福岡市の28条例である。新たに制定された条例の過半がこの種の規定を設けていることとなる。

（3）　知事意見の公表・送付　　法では、知事意見を公表したり、市町村に送付したりする手続は規定していない。一方、知事・市長意見を公表する規定を設けている条例は、北海道、青森県、東京都、静岡県、三重県（一般の閲覧）、滋賀県、札幌市、仙台市、横浜市（縦覧1月）、川崎市、名古屋市（縦覧15日）、京都市（縦覧1月）、神戸市（縦覧2週間）、広島市（縦覧2週間）、北九州市の15条例である。また、知事意見を関係市町村長に送付する規定を設けている条例は、青森県、山形県、福島県、東京都、神奈川県、新潟県、石川県、静岡県、愛知県、滋賀県、京都府、大阪府、兵庫県、島根県、岡山県、長崎県の16条例である。

9 審査会等

(1) **設置の有無** すべての新条例において審査会等の第三者機関が置かれている。ただし，福岡県は，学識経験者の意見を聞くこととしている。

(2) **審議事項** 審議事項としては，技術指針，方法書段階での首長意見，準備書段階での首長意見が概ねほぼ全ての新条例における審査会等の審議事項となっている。ただし，技術指針を審議対象としてアセス条例に明示していないものは，北海道，広島県，福岡市である。また，北海道及び札幌市は，方法書段階での首長意見を審議事項として明示していない。方法書段階の審議は必要に応じて行うこととしているものは，福島県，埼玉県，富山県，岐阜県，静岡県，大阪府，佐賀県，名古屋市，神戸市，北九州市，福岡市の11団体である。このうち，福島県，静岡県，佐賀県の3団体は準備書段階の審議も任意としている。なお，福岡県は，評価書が作成されるまで知事は意見を言わないという手続にしており，方法書・準備書段階での市町村意見に係る審議会手続は規定されていない。

その他の審議事項として，スクリーニング判定の段階（岩手県，山梨県，静岡県（任意），横浜市），評価書への首長意見の段階（滋賀県（任意），鳥取県，高知県（任意），福岡県，横浜市），事前配慮指針等の作成の段階（札幌市，川崎市（地域環境管理計画），名古屋市，京都市，神戸市，広島市），事後調査の結果に基づく措置要請等の段階（青森県（任意），岩手県（任意），山形県（任意），茨城県（任意），静岡県（任意），愛知県，三重県（任意），大阪府，島根県（任意），岡山県（任意），山口県（任意），愛媛県，千葉市，名古屋市，大阪市，神戸市，北九州市，福岡市），手続の再実施要請の段階（富山県（事業内容変更），札幌市（長期間未着工），仙台市（長期間未着工），名古屋市（事業内容変更：任意））で審査会等の意見を聴くこととしている。

10 公聴会

(1) **設置の有無** 準備書における首長意見の形成のためにほとんどの条例で公聴会の規定をおいている。公聴会の規定を置いていないの

は，奈良県，鳥取県，島根県，広島県，福岡県，佐賀県，北九州市，福岡市の8団体である[14]。一方，山梨県は，方法書段階と準備書段階の双方で公聴会の規定を置いている唯一の団体である。

（2） **開催の要件**　公聴会の開催を行うことを原則とし，意見の提出がないなど知事が認めるときはこの限りではない旨を規定するもの（例：兵庫県，山梨県，大阪府，大阪市）と，知事が必要と認めるときに開催するとするもの（例：神戸市，宮城県，長野県）の双方がある。

（3） **公聴会への事業者の対応**　公聴会で聴取された意見について，事業者に見解書の作成をもとめる条例は，大阪府，京都市，大阪市，神戸市の各条例である。また，愛媛県と川崎市は，事業者に公聴会への出席を求めている。なお，仙台市条例には，市長が事業者に公聴会への同席について協力を求める旨が，滋賀県条例及び名古屋市条例には，事業者が公聴会に出席して意見を述べることができる旨が，長崎県条例及び広島市条例には，事業者が公聴会での意見に対する見解を市長に述べることができる旨がそれぞれ定められている。

11　評価書への知事意見

　法では，評価書段階では，環境庁長官意見と免許等を行う者の意見のみを定めているが，評価書段階で知事・市長が再度意見を述べることとしている条例は，北海道，青森県，千葉県，富山県，山梨県，滋賀県，京都府（特に必要があるときに措置命令），鳥取県（評価書提出段階と評価書補正段階の2回提出可能），高知県，福岡県，千葉市，横浜市の12団体である。なお，福岡県は，前述のとおり，評価書段階で初めて知事が意見を述べる形としている。

12　事後調査等

（1） **導入の有無**　すべての新条例において，事後調査等に係る規定を備えている。

（2） **着手届・完了届**　ほとんどの新条例において，着手届，完了届の提出の規定が置かれている。着手届と完了届の規定を置いていないものは，富山県，静岡県，福岡県，川崎市である。完了届の規定のみ見

られないものは，長野県，高知県，福岡市である。
　（3）　**事後調査計画**　　事後調査計画書の提出を求めているものとしては，東京都，石川県，福井県，静岡県，大阪府，鳥取県，長崎県，横浜市，名古屋市，京都市，大阪市，神戸市，広島市，北九州市である。
　（4）　**事後調査報告**　　すべての条例において，事後調査の報告を求めている。なお，岡山県条例は，環境管理の状況に関する報告を求めることとしている。
　（5）　**報告に対する勧告等**　　事後調査等の報告に応じて，知事や市長が事業者に必要な措置を求めることができるものとする条例がほとんどである。このとき，知事や市長が必要と認めるときには必要な措置を求めることができるとする条例が見受けられるが，これはあまりにも知事・市長の裁量が大きすぎるのではないだろうか。この点，措置要求の前に審議会の意見を聞くこととしている条例（9（1）項参照）のほうが望ましいと考える。

13　再実施関連規定

　（1）　**事業内容の変更に係る届出**　　法では事業内容の変更の場合は，政令や規則に照らして，事業者自身が再実施の必要性を判断することとしているが，条例では，事業内容を変更した場合に知事等に届出・通知を行うことを義務づけている場合が広くみられる。このような条例としては，宮城県，山形県，福島県，群馬県，千葉県，東京都，神奈川県，岐阜県，三重県，京都府，大阪府，兵庫県，長崎県，大分県，仙台市，千葉市，横浜市，川崎市，名古屋市，大阪市，神戸市，北九州市の22条例を挙げることができる。
　（2）　**事業内容の変更に係る再実施要請**　　さらに，再実施の必要性について，知事又は市長が判断して，事業者に要請する形の条例が見受けれる。このような条例としては東京都，横浜市（以上，審議会の意見を聴いて知事又は市長が再実施要請），神奈川県，兵庫県，川崎市（以上，知事又は市長が認めるもの以外はすべて再実施），京都府（届出に基づき知事が判定），岐阜県，大阪府，名古屋市，大阪市，神戸市，北九州市（以上，知事又は市長が必要と認めれば再実施）の各条例がある。

三　具体的な事例に即した検討

　（3）　**長期間未着工等に係る再実施**　長期間未着工の場合についての手続の再実施についても広範に規定が見られる。まず，長期間未着工の場合に再実施すべきかどうかについて首長との協議を求めている条例としては，滋賀県，京都府，大阪府，岡山県，高知県（5年），名古屋市（規則で定める期間）の各条例がある。また，栃木県，群馬県，奈良県，札幌市及び千葉市は，評価書公告後一定期間（札幌市は規則で定める期間，他は5年）を過ぎて着工しようとする際にはその旨を届け出ることを義務づけ，知事又は市長が再実施を求めることができる旨を規定している。さらに，協議，届出の規定は設けていないが，長期間未着工の際あるいは評価書公告後の状況変化の際に再実施を求めることができる旨が規定されている条例としては，青森県，岩手県，埼玉県，福井県，長野県，愛媛県，広島県，北九州市（必要なとき），宮城県，山形県，千葉県，東京都，山梨県，三重県，奈良県，大分県，大阪市（5年＋必要），福島県，神奈川県，川崎市（規則で定める期間＋必要），富山県，横浜市（審議会），仙台市（5年＋審議会），岐阜県（5年又は著しい影響），島根県（長期間＋必要），京都市（市長が通知して協議を開始）がある。

　（4）　**長期間中断の扱い**　事業が長期間中断するの際の手続の再実施を規定している条例としては，滋賀県（5年中断したときは知事と協議），仙台市（5年中断＋審議会→要求），名古屋市（規則で定める期間中断したときは市長と協議）がある。また，滋賀県条例は，実施計画書の提出があってから5年経っても準備書が提出されないときに手続の再実施を義務づけている。

14　手続の特例

　（1）　**都市計画の取り扱い**　宮城県条例及び川崎市条例を除く条例においては，都市計画に関する手続の特例をおいている。この場合，手続の内容を含めて，規則で別途定めることとしているもの（例：兵庫県，神戸市，山梨県，長野県），都市計画決定権者が事業者に代わって行うこととする旨などを規定し規則に読み替え等を委ねるもの（例：熊本県，大阪府，北九州市，福岡市，大阪市）。実質的にあまり変わらないかもしれないが，規則に丸投げするよりは，後者の規定ぶりのほうが法制的に

は望ましいものと考える。なお，川崎市条例は，都市計画法の手続と調整を図り適切かつ円滑に行われるように努めるとの規定ぶりであり，明確な手続の特例を認めているわけではない。

（2）**港湾計画の取り扱い**　港湾計画についても，一定の規模以上については，住民手続きを伴う環境影響評価その他の手続きを行わせることとしている条例は，千葉県，神奈川県，三重県，大阪府，広島県，山口県，高知県，福岡県，佐賀県，長崎県，大分県，仙台市，横浜市，大阪市，神戸市，北九州市，福岡市の17条例である。

15　都道府県条例と市町村条例との関係

管下の市町村が環境影響評価条例を制定している場合に，都道府県条例との関係をどのように整理するかという点については，これまで，①規則で定める条例の対象事業は適用しないとするもの［条例指定型］（例：兵庫県条例），②府条例と同等以上の効果が期待できる条例を有するものとして知事が指定する市町村の範囲内で行われる対象事業については適用しないとするもの［地域指定型］（例：大阪府条例），③県条例と同等以上の効果が規定できる条例の対象となる事業については適用しないが，その事業の実施範囲が条例を有しない市町村にかかる場合の取り扱いは協議するとするもの［留保付き条例指定型］（例：神奈川県条例），④市町村条例によって県条例の規定によるものと同等以上の環境影響評価が行われると知事が認めるときは県条例を適用しないとするもの［個別判断型］（例：宮城県条例）が存在する。

事業の実施範囲が一行政区域に収まるかどうかという問題が存在するため，一定の部分を市町村条例に委ねることとした場合，①の方式を採るよりは，②〜④の方式を採る方が合理的であろう。

16　法から条例への乗り移り規定

法に基づく手続を中途まで実施した後に事業規模を縮小するなどして，法の手続から離れる事業が，条例の対象となる場合が想定される。このような場合に，中途から条例の手続に乗り移ることを可能とすることが妥当であろう。このための乗り移り規定を有している条例とそうでない

条例がほぼ同数存在する。乗り移り規定を備えている条例としては，青森県，山形県，福島県，茨城県，栃木県，群馬県，埼玉県，千葉県，新潟県，富山県，福井県，山梨県，長野県，静岡県，三重県，滋賀県，京都府，鳥取県，島根県，山口県，愛媛県，佐賀県，大分県，仙台市，千葉市，横浜市の26条例である。このうち，島根県条例は唯一各段階ごとに乗り移るべき条項を個別に指定している事例である。

17 その他特徴ある規定

北海道条例は，特定地域における総合的な地域開発計画について知事が環境影響評価を行う手続を規定している。

北九州市は，化学物質を取り扱う工場が多いという地域的特性を踏まえて，環境影響評価条例において，「市長は，規則で定める化学物質を取り扱う工場又は事業場の建設事業に係る事業者に対し，準備書の提出時に併せて，当該準備書とは別に当該化学物質による環境汚染の未然防止に関する書類の提出を求めることができる。」旨の規定を置いている。

2 法対象事業に対する手続の上乗せ

1 法対象事業との関係を整理する形式

法対象事業については，①条例の「対象事業」の規定において法対象事業を除く方法（例：神戸市，山梨県，大阪府，大阪市，北九州市，福岡市），②条例の対象事業に含めた上で法対象事業について「適用除外」にする旨の規定を別途置く方法（例：兵庫県，熊本県，大分県，宮城県，長野県）のいずれかの方法を用いて，条例の対象範囲と法の対象範囲との間の整理が行われている[15]。このいずれの方法によっても，有意な差はない。

なお，条例においてスクリーニング手続を設けている場合は，法の第二種事業と条例のスクリーニング対象事業が重複しないよう入念的に作業を行う必要がある[16]。

新条例においては，このような整理を行った上で，法対象事業について，条例の規定を準用し（上記①の場合），又は適用（上記②の場合）する形式をとっている。

4 環境影響評価制度における法律と条例の関係について

2 事前手続の付加

　法では，第二種事業の場合は判定のための届出，第一種事業の場合は方法書の作成・送付が，事業を行おうとする者が行うべき最初の手続となる。その前段階において条例によって何らかの手続を上乗せすることが可能だろうか。

　まず，事業の決定の段階ではなく，地域開発計画の策定の段階や5カ年計画の策定の段階で，何らかの環境影響評価を行わせることは，法が事業を対象としている以上，法との抵触関係は生じないものと考える。ただし，法が対象としている300haを超える埋め立て等を伴う港湾計画については，法との抵触関係が生じうることに留意しなければならない。

　次に，前記のとおり，地域特性に応じた環境保全上の留意事項を記した計画・指針に適合することを求めることも，法に抵触するものではないと考える。法対象事業を行う者といえども，地方公共団体の環境基本条例に服することとなる。したがって，当該条例に根拠を有する環境基本計画や地域環境管理計画にも服すべきである。このことを敷延すると，当該地域の地域特性に応じた環境保全上の留意事項を記した計画・指針の類を尊重すべきこと，あるいはこれに適合すべきことを，法対象事業者に求めることは，認められてしかるべきである。既に，神戸市条例をはじめとする「事前配慮指針」を定める各条例においては，札幌市条例を除き，法対象事業についても「事前配慮指針」への適合義務を課している。

　この場合，環境影響評価法の手続きにおいては，第二種事業の届出あるいは方法書に記載される事業内容を事業者が検討する際に，尊重・適合義務を果たすこととなる。また，知事・市長はその意見の提出において，当該事業者が義務を果しているか否かといった観点を加味して意見を述べることとなる。

3 評価項目の横出し

　法は，環境の保全を目的としているため，法の下での環境影響評価は，方法書手続が導入されたとはいえ，環境の保全の範疇に入る項目しか扱えないこととなる。環境基本法を含め「環境の保全」を定義している法

令は存在しないものの，例えば，交通安全や地域分断といった評価項目を評価することは法の目的に合致するかどうか疑わしい。したがって，このような項目を評価することを確実に担保したい地方公共団体は，論理的には，このような項目のみを評価する別途の手続を条例において定めることが可能である。

新しく制定された条例の中でこの考え方を採用したのが，神奈川県条例である。同条例では，法2条1項の環境の構成要素に係る項目に該当する部分を除いた項目について，法対象事業に適用される技術指針を策定し，その項目に限定された一連の手続を法対象事業者に課している。

また，川崎市条例では，川崎市地域環境管理計画において，法対象事業に適用される環境影響評価項目を定め，当該項目に関する環境影響に限り，法対象事業者に一連の手続を課すこととしている（川崎市条例47条〜70条）。ただし，同条例の規定からは，「法対象事業に適用される環境影響評価項目」が法律でカバーされる評価項目以外のものであるかどうかが明確でない。つまり，条文上，法律の評価項目と同じ項目について，条例で，環境影響評価に関する一連の手続を課すことが否定されていない。仮に，そのような運用を行った場合には，法60条の趣旨に反すると言わざるをいない。

4　首長意見形成手続の上乗せ

審査会，公聴会等，首長意見を形成するために地方公共団体が行う手続については，法60条2号の，地方公共団体における手続に該当し，法対象事業に対してこれらを適用（準用）することが可能である。

（1）　**スクリーニングについての知事意見形成手続**　法に基づくスクリーニングについての知事意見を述べる際に，審査会等の意見を聴く都道府県条例は，岩手県，山形県，群馬県，石川県，山梨県，滋賀県，岡山県，高知県，福岡県，佐賀県，長崎県，大分県の12条例である。

また，スクリーニングの知事意見の形成に当たって市町村長の意見を聴くことを定めている都道府県条例は，青森県，山形県，群馬県，埼玉県，千葉県，東京都，神奈川県，静岡県，三重県，京都府，島根県，広島県，山口県，香川県，愛媛県，高知県，長崎県の17条例である。

4 環境影響評価制度における法律と条例の関係について

なお,法の参議院附帯決議においては,スクリーニングの知事意見形成にあたって一般意見を聴くことも可能である旨が盛り込まれているが,一般意見を聴取することとしている条例はなかった。これは,スクリーニングの知事意見の提出期間として保証されている期間が30日と短いことが影響しているものと考えられる。

(2) **方法書についての首長意見形成手続** 法に基づく方法書についての知事意見を述べる際にほとんどの条例では審査会等の意見を聴くこととしているが,北海道条例及び札幌市条例はそのような規定を備えていない。また,兵庫県は条例ではなく,「環境影響評価に関する知事意見の形成等に関する要綱」(11.6.11)(以下「兵庫上乗せ要綱」という。)で審査会の規定を設けている。なお,山梨県は方法書段階でも公聴会を原則として開催することとしている。

(3) **準備書についての首長意見形成手続** 法に基づく準備書についての知事意見を述べる際には,すべての団体で審査会等の意見を聴くこととされている。兵庫県は兵庫上乗せ要綱に審査会の規定を設けているが,その他の団体では条例に関連規定を置いている。また,条例対象事業については公聴会開催規定を適用するが,法対象事業には適用(準用)しない条例は,山形県,愛媛県,千葉市,大阪市の4団体である。なお,そもそも公聴会規定を置いていない団体は8団体である(三1 10(1)参照)。

5 住民サービスの上乗せ

地方公共団体が住民に対する情報提供を自ら強化することは,法60条2項における地方公共団体における手続に該当し,法対象事業について上乗せすることも許容されるものと考える。

例えば,大阪府では,法の手続において,事業者より提出を受けた文書であって事業者によって公開されることとなるもの(方法書,準備書,評価書,事業者見解)を,知事においても公告・縦覧することとしている。対象となる書類の範囲はさまざまであるが,類似の規定を備えるものとしては,青森県,千葉県,東京都,神奈川県,山梨県,岐阜県,静岡県,三重県,滋賀県,横浜市,川崎市,名古屋市の各条例がある。

また，法の手続に基づく知事意見を公表したり市町村長に送付したりすることを規定しているものとしては，青森県，山形県，東京都，新潟県，静岡県，愛知県，三重県，滋賀県，京都府，大阪府，兵庫県，横浜市，川崎市，名古屋市，京都市，神戸市，広島市，北九州市の各団体がある。

6 事業者手続の上乗せ

　法の手続においては，例えば，方法書段階で事業者に説明会を求めたり，見解書の提出を求めたりはしていない。これは，方法書段階の手続を準備書段階と同等の「重さ」の手続にすることにより，本来ならば準備書段階で対応すべき問題について，事業者が実質的に方法書段階で回答を求められることとなり，事業者が十全の準備をしないと方法書の手続を開始できないという事態が生ずることとなれば，方法書手続を導入した意味が損なわれるとの考え方に基づいて，法において，意図的に準備書段階の手続と方法書段階の手続の「重さ」を変えているものである。

　したがって，現在の法の手続を前提とすれば，条例において，法対象事業者に対して，方法書段階で説明会を開催することを義務づけたり，方法書の一般意見に対する見解書の提出を義務づけたりすることは，できないものと考える。ただし，事業者の任意の協力を前提とする場合にまで，法に抵触するというのは行き過ぎであり，これは許容されると考える。

　たとえば，山梨県条例において，法対象事業者に対して，方法書の知事意見形成に当たって見解書の提出を要請することができる旨が規定されているが，これに応ずるか否かは事業者の任意であることがわかる規定ぶりとされている。同様に，事業者の任意の協力のもとに，一定の書類の提出等を事業者に求めている条例としては，東京都（方法書の見解書，項目等の選定結果，公聴会意見への見解），神奈川県（方法書の周知につとめること，45日の縦覧につとめること），京都府，大阪府（以上，方法書の見解書，公聴会意見への見解），仙台市（意見の写し），千葉市（事業計画概要書），神戸市（必要な資料）の各条例がある。

　さらに，山梨県条例，栃木県条例及び富山県条例では，法32条の規定に即した評価書公告後の再実施を知事が要請することができる旨の規定を置いている（次項参照）。この要請は，法的拘束力を持たないもので

4 環境影響評価制度における法律と条例の関係について

あり，法32条の規定を活用するかどうかの判断が事業者に留保されている限りにおいて，この規定は許容されることとなる。

7 事後手続の付加

事後の手続きについては，事業の実施（着手）後という，法の射程を外れる場面での手続きである(17)ため，法60条，61条との抵触関係は生じないものと考える。つまり，新条例における事後調査部分の規定は，環境影響評価ではなく事後監視のための条例部分として法の領域を離れたところに存在していると解することができよう。

ただし，評価書公告から事業の着手までの間は，法の射程と重複することに留意する必要がある。法32条では，事業者が評価書を公告した後に環境の変化その他の特別な事情により再度法の手続を実施することを認めている。このため，評価書の公告後であっても事業の着手前にあっては，条例の手続を課すことはできないものと考える。

さて，前述のとおりすべての条例で事後調査に関する規定を備えているが，そのうち，法対象事業に適用（準用）していないものとしては，北海道，岩手県，宮城県，山形県，長野県，兵庫県，鳥取県，香川県，愛媛県，福岡県，佐賀県，大分県，札幌市，川崎市，大阪市，広島市，福岡市の17団体である。法対象事業者は公共機関や電気事業者などの大企業であることがほとんどであることから条例対象事業者よりも自主的に環境管理が行われる可能性が高いという理屈も付けられなくはないが，一般に，法対象事業のほうが条例対象事業より環境影響が大きいと考えられること，公共機関や大企業であるから環境管理に失敗しないとは必ずしも言えないことから，法対象事業についても条例対象事業と同様の義務を課すほうが妥当ではないか。

四　おわりに

地方公共団体における条例化の作業がほぼ終了した段階で，条例での

四 おわりに

アセス手続内容を精査すると，次の諸点を指摘することができる。第一に，環境影響評価法に導入されたものの地方条例に十分盛り込まれなかった手続が存在することである。その典型がスクリーニングの手続である。また，意見提出者の範囲，技術指針の定め方など，法の趣旨が必ずしも浸透していないと思われる点も見受けられた。第二に，環境影響評価法に規定されていない事業者手続であって，地方条例で一般的に規定されている手続が存在することである。その典型が，説明会の結果報告であり，事業内容変更の届出や各種再実施要請の規定である。第三に，環境影響評価法に規定されていない事業者手続であるが，制度の効果を高めるためには重要と考えられる手続が見られることである。この典型例が，計画策定段階での環境配慮の条項であり，項目等の選定結果の公表手続であろう。第一の点については，さらに，各地方公共団体において制度の改善を図って行くべきであろう。一方，第二，第三の点については，来るべき環境影響評価法の手続の見直しの中で，充分にその妥当性を検討し，法の手続に盛り込んでいくことも検討されるべきである。

また，法対象事業についての上乗せについては，法60条の趣旨から考えて明確に不都合が生ずる条例の規定はみられなかった。ただし，任意の協力のもとで事業者に一定の手続をもとめるという条例の規定は散見されている。このことは地方公共団体の側において一定の妥協が行われたことを物語るものであり，今後，法手続の見直しを行う際に，これらの事実を十分勘案して，よりよい手続に変えていくことが必要であろう。

今後，我が国の環境影響評価制度は，行政主体が作成する政策や計画の段階から環境影響評価を実施するという戦略的環境アセスメントの考え方の導入や，地域環境管理計画などとの有機的な連携の確保といった課題に向けてさらに改善し，発展して行くべきである[18]。その際に，制定された地方条例の内容を十分検討する必要がある。本稿がその一助となることを期待したい。

（1） 環境影響評価法の内容については，環境庁環境影響評価制度推進室編著『速報環境影響評価法』（ぎょうせい・1997年）33-52頁，鎌形浩史「環境影響評価法について」ジュリスト1115号（1997年）36-42頁，倉阪秀史「日本

4 環境影響評価制度における法律と条例の関係について

　　における環境影響評価制度の発展の経緯と今後の方向について」国際影響評価学会日本支部第1回研究発表会予稿集（1998年）5頁などを参照。なお，全面施行の日付は，平成10年5月13日政令第170号「環境影響評価法の施行期日を定める政令」において定められている。
（2）　以下，この項は，高田敏「条例論」雄川一郎他『現代行政法体系第8巻』（有斐閣，1984年）201-222頁，関哲夫「条例制定権の限界」成田頼明『行政法の争点（新版）』ジュリスト増刊（法律学の争点シリーズ9）36-37頁，成田頼明「法律と条例」清宮四郎＝佐藤功『憲法講座第4巻』（有斐閣・1964年）213-218頁，原田尚彦『環境権と裁判』（行政争訟研究双書）（弘文堂・1977年）243-250頁，田中二郎『新版行政法中巻』（弘文堂，全訂第二版・1976年）134-135頁，塩野宏『行政法Ⅲ』（有斐閣・1995年）137-140頁，169-172頁などを参照した。
（3）　成田頼明「法律と条例」清宮四郎＝佐藤功『憲法講座第4巻』（有斐閣）215-216頁。
（4）　旧法案が，発電所を対象事業から除外したこともマスコミ，野党などから強く批判された。
（5）　なお，「第二種事業に係る環境影響評価その他の手続」としては，新法4条に規定するようなスクリーニングの判定の手続が該当することとなる。
（6）　法4条の判定手続において地方公共団体の意見が聴取されているが，そもそも法4条の判定は国の制度の対象とするか否か（つまり免許等権者が免許等の審査に当たって評価書を必要とするかどうか）を国が定める判定基準に照らして免許等権者が判定するものであるため，「国の基準には該当しないが地方の基準には該当する」との判断を下して，国の判定から漏れた事業を改めて条例の対象とすることは可能と考える。同旨の議論として，大塚直「環境影響評価法と環境影響評価条例との関係について」西谷剛他『政策実現と行政法』（成田頼明先生古希記念論集）（有斐閣・1998年）119頁。
（7）　例えば，発電所手続については，電気事業法において，環境影響評価法の手続に加えて，通商産業大臣が，方法書と準備書段階で勧告を行い，評価書段階で変更命令を行う手続が加えられたが，この「上乗せ」さえも事業者にとって厳しいものかどうかはわからない。つまり，中途段階で勧告を行う主体と最終的に許認可を与える主体が同一であるがゆえに，この制度は，事業者に対し通商産業大臣の勧告にさえ従っておれば通商産業大臣から発電所の工事計画認可を得られるという予見を与え，他の意見に十分に対応しようとする事業者のインセンティブを削ぐこととなる可能性もあるのである。
（8）　条例による手続の上乗せは認められるが，法律上の手続の進行を妨げない範囲に限定されるとするものに，大塚直「環境影響評価法と環境影響評価条例との関係について」西谷剛他『政策実現と行政法』（成田頼明先生古希記念論集）（有斐閣・1998年）122頁。

注

(9) この点については，本稿後半で具体的事案に即して検討する。

(10) 西尾勝「環境影響評価法案の新論点」ジュリスト714号（1980年）69頁参照。

(11) なぜ，61条が必要かという議論があろう。これは，比例原則の存在を入念的に示すとともに，国の趣旨を十分理解せず手続の趣旨を無にするような手続（例えば，公告・縦覧前の方法書や準備書についてあらかじめ知事に意見を聞くことができるとする手続を導入すると，一般意見や市町村意見は何のために聞くこととなるのかということになる。）を定めてしまうことに対する予防措置の意味合いを持つのではないか。

(12) 本稿執筆に際する環境法実務研究会における口頭報告を参考とし，独自情報を追加して執筆された，北村喜宣「自治体環境影響評価制度の最近の動向」産業と環境27巻7号（1998年）28頁以下も併せて参照されたい。

(13) 本稿脱稿後，和歌山県環境影響評価条例（12.3.27），徳島県環境影響評価条例（12.3.28），鹿児島県環境影響評価条例（12.3.28），宮崎県環境影響評価条例（12.3.29）がそれぞれ公布された（括弧内は公布日）。残る3団体（秋田県，熊本県，沖縄県）も要綱をすでに制定しており，現在，条例化の作業を行っている。なお，熊本県要綱においては，方法書にあたる実施計画書に対して意見を述べることができるのは，市町村長と知事のみであり，住民は意見を述べることができない。さらに，同要綱は，関係地域を中心として意見提出者の範囲を限ることとしている。熊本県は，条例化する際にこれらの点を再検討すべきであろう。

(14) 富山県条例，横浜市条例は，公聴会規定はないものの，知事意見の形成あるいは審査会の審議に際して，意見を有する者の意見を聴取することができる旨の規定が置かれている。

(15) 法60条が存在するからあえて条例で整理をしなくとも良いとする考え方は誤りである。法の規定は条例の制定権の範囲を画するものであるが，条例に直接適用されるわけではないため，条例においてその範囲を明確にする必要がある。

(16) 山梨県条例2条2項から4項参照。なお，条例にスクリーニング手続を設けない場合はそもそも第二種事業に係る手続が法と条例で重複して定められる可能性がないのであるから，このような条例においては，法の対象事業との整理のみを行うことで足りるものと考える。

(17) 法2条5項では，事業者を「事業を実施しようとする者」と定義していることから，「事業を実施している者」はもはや法における事業者ではない。したがって，事業着手後は，法の射程を離れるのである。なお，法38条1項で，「事業者は，評価書に記載されているところにより，環境の保全についての適正な配慮をして当該対象事業を実施するようにしなければならない。」とされているが，この規定は事業を実施しようとする者が備えるべき

4 環境影響評価制度における法律と条例の関係について

心構えを規定したものであり，実施段階で評価書に相違することを行った場合，備えるべき心構えを備えていなかったとして，当該条項違反に問われる可能性はあるものの，法38条1項が直接に事業着手後を規律しているわけではない。
(18) 倉阪・前掲注（1）5‐7頁参照。

5 環境影響評価条例と法律対象事業
川崎市環境影響評価条例を例にして

［北村　喜宣］

> **要　旨**
> 　環境影響評価法対象事業の事業者に対して条例で何らかの法的義務づけをすることは，違法といわれている。しかし，条例による環境アセスメントには，法律が持ちえない機能があるのであって，そのかぎりにおいて，公聴会への参加を義務づけるなどの上乗せは，適法である。もっとも，だからといって，法律にもとづくアセスメントとは別に条例にもとづくアセスメントをさせるというのも，合理的ではない。当該事業が自治体環境管理計画にいかに適合できるかという観点から，法律の手続を生かしつつ，条例によって，自治体なりの独自性を加えるのが，適切である。

一　はじめに

　環境影響評価法の制定を受けて，従来から環境アセスメント制度を運用してきた自治体のほとんどは，制度の見直し作業に着手し，ほぼそれを完了した。作業の内容は，おそらく多様であっただろう。1981年に行なわれた閣議決定「環境影響評価の実施について」（以下「要綱アセスメント」という。）に準じた制度を整備し，かつ，そこで，要綱アセスメントの対象事業を（形式的にせよ実質的にせよ）適用除外している自治体の場合には[1]，法律がより進んだ制度を用意してくれて，しかも，国が制

5 環境影響評価条例と法律対象事業

度運営までしてくれるのであるから、特段の問題はないともいえる。また、適用除外としていなくても、アセスメントの内容がほとんど同じであるならば、これまで自治体が単独で負担していた運用コストを国が引き受けてくれるため、知事意見提出にあたっての議論の手間はあるものの、内心は、「肩の荷がおりた。」と安心しているかもしれない。

ところが、部分的にせよ、自治体固有の事情から、環境影響評価法よりも踏み込んだ内容を有する制度（とりわけ条例）を持っている自治体については、それが法律対象事業にまったく適用されないとなると、少なくともその制度の観点からは、実質的後退ということになる。同法が、自治体制度を補完してあまりある内容を提供していれば話は別であるが、そうでないならば、単純に条例の適用から除外するわけにはいかないだろう。

法案審議過程でとくに注目されたのが、そうした条例に規定される公聴会規定や見解書規定などである。これらの手続は、法律対象事業に関して、環境影響評価法の施行後にどう整理すべきなのだろうか。対象事業の事業者に対して、法律で求められている以上の義務を課すことはできないのだろうか。この問題に関しては、自治体関係者の関心も高い[2]。

本章では、「川崎市環境影響評価に関する条例」（以下「川崎市条例」という。）を素材にして、法律対象事業に対して、同条例の規定をどのように適用しうるかを検討する。環境アセスメントをめぐる法律と条例の関係についての論点の中には、一般論ができる部分もあるが[3]、具体的手続となると、条例制度にも微妙な違いがある。そこで、特定の条例を念頭に置く方が議論がやりやすい。最も早く制定され、運用経験も豊富な川崎市条例を選んだのは、こうした理由による。

なお、川崎市条例は、1999年12月に改正された。本章は、政策法学的観点から法律と条例の関係の検討をするという一種の思考実験的性格を有するので、改正条例ではなく、改正前の条例を前提にして議論を進める。条文番号なども、旧条例のそれである。改正条例について、詳しくは、本書6を参照されたい。

二 川崎市条例の概要

　川崎市条例は，全国の自治体に先駆けて，1976年に制定された[4]。「すべての人は，良好な環境を享受する権利と保全する責任を有する。」という書き出しで始まる前文と7章30条の条文から構成されるこの条例は，開発行為が自然環境・地域生活環境・社会文化環境に及ぼす影響の程度と範囲や環境保全対策などについて，代替案の比較検討を含めて，開発行為者の責任と負担において，事前に調査・予測・評価を実施し，その結果を公表して，地域環境管理計画の観点から当該行為の合理性を確保しようするシステムを規定している。
　規則で規定される11種類の指定開発行為を実施しようとする者は，環境影響評価報告書を添付して，その旨をあらかじめ市長に届け出なければならない（6条）。その後，行為者は，環境影響評価に関する説明会を開催することになる（10条）。報告書に関して意見を有する者は，市長に意見書を提出するが，その写しは，指定開発行為者にも送付される（11条）。それを受けた行為者が報告書の修正を要すると考えた場合には，修正報告書を作成する（12条）。この手続のあと，公聴会開催の要請があれば，行政主宰の公聴会が開催される（14条）。その後，市長は，環境影響評価審議会の答申を受けて，行為者が準備した環境影響評価報告書に対する審査書を作成・公表する（13条・15条・21条）。指定開発行為者は，審査書を遵守する法的義務を負っている（16条）。その違反に対しては，勧告ができる（17条）。条例で義務づけられた手続が履行されなかったり審査書が遵守されない場合において，それにより良好な環境の保全に支障があると認められるときには，違反事実を公表することになる（18条）。ただ，これは，勧告に従わないことに対する不利益措置としての公表ではなく，審査書遵守義務に違反し，しかも，それにより，良好な環境保全への影響のおそれをもたらしたために受ける措置である。この点は，行政手続法制の考え方からみても，きわめて先進的な認識をしている規定である[6]。また，各種手続義務規定違反に対しては，罰金

刑が用意されている（27〜30条）。

　川崎市条例の評価はさまざまあろうが，その最大の特徴は，指定開発行為の環境影響を指針たる性格を持つ地域環境管理計画に照らして評価しようとする仕組みにあるように思われる。また，多くの自治体制度とは違って，アセスメント結果を許認可権者に伝えて配慮を要請するようにはなっていないことも特徴的である。許認可システムとは別の存在意義があるといえる。川崎市条例の環境アセスメントは，手続法型という整理が多いように思われるが，上にみたように，審査書遵守義務がある点で，手続法型でも規制法型でもなく，その中間の「準規制法型」と性格づけられるのではなかろうか[7]。

三　修正報告書・公聴会・審査書の制度と運用の実態

　自治体環境アセスメント手続は，多様であるが，ここでは，そのなかでも「先進的」と評される見解書・公聴会・審査会について[8]，その機能を中心に検討する。こうした手続が評価されるのは，それが，開発者・市民・行政の間の公的場所における情報交流・コミュニケーションを促進することを目的として設計されているからであるように思われる。

1　修正報告書

　多くの自治体制度において見解書と呼ばれる手続は，川崎市条例では，修正報告書と呼ばれている。すなわち，市民から出された意見書を市長経由で受け取り，必要と認めれば，先に提出してある環境影響評価報告書を修正するのである。このシステムの下では，市民意見を受けて，行為者が，地域環境管理計画に適合するように自らの事業内容を若干なりとも修正することが期待されているといってよい。

三 修正報告書・公聴会・審査書の制度と運用の実態

2 公 聴 会

　自治体環境アセスメント制度に特徴的と思われる公聴会規定であるが，その内容と運用実態は，制度によって，微妙に異なっている。この点の理解は，必ずしも十分ではないと思われるので，若干詳しくみることにしたい。

　一般に，公聴会とは，行政が主宰して，広く住民の意見を聴取してその意思形成の参考にする場として理解される[9]。ただ，具体的な目的や手続・運営方法には，制度によって，差がある。開発行為の許可に関する公聴会とアセスメント過程における公聴会とでは，自ずと機能も異なる。

　川崎市条例の公聴会は，実質的に，「質疑応答方式」を採用している点に，特徴がある（この方式は，開発行為者が主宰する説明会でも採用されている。）。開催の要請が市民から（1人であっても）あった場合には，行政指導をして，事実上，開発行為者にも要請を出してもらう（手続上，開発行為者からも開催を要請できるようになっている。）。一種の「やらせ」である。そして，両者から要請が出ているという整理にして，同じ場において，対面式で実施しているのである。行政が，いわば行司役になり，議論の交通整理をする。1回きりの開催であるが，公聴会は，第一次公述，第二次公述，第三次公述に分かれ，それぞれの段階で，意見陳述・質問と回答が繰り返されるのである[10]。こうした運用は，公聴会の前に開催される説明会でも，実際には，行なわれている。

　川崎市の制度のもとで公聴会に期待される機能は，以下の2点に要約できる。第1に，公聴会記録が環境影響評価審議会に提出され，そこでの審議の参考資料とされることである。当該指定開発行為と地域環境管理計画との関係が，審議会によってチェックされるのである。第2に，公聴会のやりとりを経て，議論が進むとともに，事業ないし環境影響評価報告書に対する理解が深まる。その結果，行為者が調査項目の追加をしたり，場合によっては，事業内容の変更もありうる。

3 審査書

　市長は，環境影響評価審査会に対する諮問・答申を経て，指定開発行為者に対して，審査書を送付する。多くの自治体環境アセスメント制度のもとでは，審査書の送付を受けた事業者は，それを踏まえて，環境影響評価書を作成することになっている。評価書の写しは許認可権者に送付され，許認可に際して，評価書の内容に十分配慮した処分がされることを期待するとされることが大半である。先にもみたように，川崎市条例には，許認可権者との関係を規定する条文はなく，市長が直接に行為者に対して勧告ができるとなっている点が，特徴的である。

四　環境影響評価法と市民・市長

　川崎市内において予定される法律対象事業に関して，川崎市長と川崎市民に対しては，環境影響評価法上，次のような手続が用意されている。プロセスに参加する市民は，とくに範囲や要件は制約されず，たんに，「環境保全の見地からの意見を有する者」とされている。横浜市民であってもいいし，カリフォルニア州在住のアメリカ国民であってもかまわない。そうした市民が事業者の意思決定に直接的にコミットできるのは，環境影響評価の実施方法書確定過程における意見書提出（8条）と準備書作成過程における意見書提出（18条）を通じてである。市長や知事意見形成にあたっての参加は，明示的には，規定されていない。

　市長は，少なくとも，制度上は，事業者に直接アクセスできるようにはなっていない。すなわち，スコーピングにあたってと準備書に対する神奈川県知事の意見陳述に際して意見を求められるにすぎないのである（10条2項・20条2項）。

　川崎市条例と比較して特徴的なのは，法律の手続においては，情報伝達のベクトルが一方向になっていることである。全体としてみた場合でも，双方向の対話型ではない。これは，環境影響評価法が，有益な環境

情報を意思決定者に提供することを大きな目的として設計されていることからくる，論理必然的な結論であるといえよう[11]。

五　自治体環境アセスメント制度の目的

1　事業規模を基準とする役割分担論

環境アセスメント過程における川崎市条例と環境影響評価法の手続の違いは，とりもなおさず，両制度の目的の微妙なズレを表現していると理解することができる。自治体アセスメント制度と法律との関係を論ずる文献の多くは，両制度の目的が同一であることを無意識のうちに前提としているようにみえる。しかし，それは，豊富な運用実績を持つ自治体制度に対する慎重な観察を欠いた議論であるように思えてならない[12]。

国と自治体の役割分担論は，対象事業の規模という一点のみに注目した考え方なのである[13]。ところが，この議論は，一面的にすぎる。法律制定の前後を通じて示されていた自治体からの懸念は，本質的には，単純な役割分担論に対する直感的な疑問を提示していたものとみることができるのである。それでは，両制度は，どのように異なるのだろうか。川崎市条例の制度と運用の実態を踏まえながら，簡単に検討してみよう。

2　自治体環境アセスメント制度と環境管理計画

自治体環境行政の責務は，当該自治体の現在および将来世代の市民が良好な環境を享受できるように政策を立案し実施することである[14]。いわゆる環境権の実現といってもよい。ただ，そのためには，目指すべき環境状態がどのようなものであるのかについての見取り図なりイメージ図がなければならないだろう。自治体は，それを，環境管理計画という形で表現するのである。それは，行政がコンサルタントに委託して短

期間のうちに作成するという「お手軽な」ものでは決してなく，将来をもにらんで，市民や事業者の民主的参加にもとづいて策定されるべき「重み」を持つものである[15]。

　自治体環境アセスメントは，対象とされる事業が，この計画に照らしてどのように評価されるかを決めるプロセスといってよい。こうした機能は，基本的には，自治体環境アセスメントに固有のものであると思われるが，必ずしもすべての自治体制度が十分に意識しているわけではない。しかし，先にみたように，この点は，川崎市条例の制度に特徴的に実現されており[16]，それを認識して，20年以上もの長期にわたり運用されてきているのである。

3　法律制度の限界

　環境影響評価法が，ある事業を対象にするのは，それが，ナショナルの観点から「環境影響の程度が著しいものとなるおそれがある」からである（2条2項）。このことは，当然に，当該事業立地先の自治体にとって，相対的には，国以上の影響があることを意味する。しかし，環境影響評価法あるいは許認可の根拠法規は，自治体の計画に対する配慮をする制度にはなっていない。いわゆる横断条項（33条以下）によって，「環境の保全につき適正な配慮がなされる」かどうかが許認可の基準とされる制度になったとしても，同様である。一定の配慮はあるが，個々の事業は個々の事業として評価され，計画との関係という観点からは評価されない。そもそも，国レベルでは，自治体に関する環境管理計画など存在しない。

　このように，環境影響評価法は，自治体制度が持つ目的や機能を完結的に備えていないのであり，「必要かつ十分な」制度を提供しているとはいえない。自治体にとっては，影響の大きい事業を環境管理計画に照らして評価することができなくなれば，環境アセスメント制度そのものの意義が，かなりの程度減殺されることになるといえる。

　法律対象事業に関しては，統一的手続による対応の必要性が過度なまでに強調されているように思われる[17]。たしかに，たとえば，川崎市

条例にもとづく環境アセスメントでは、要綱アセスメントの対象事業については、川崎市用と国用の二種類の評価書を用意しなければならないという不便がある。かなりの程度重複しているとすれば、その調整をして事業者の無用の負担を軽減することは、比例原則の観点からも、是非とも必要なことである。しかし、だからといって、それは、国の制度一本でいくべきであることを意味するものでは、決してない。

およそ環境アセスメント制度である以上、環境価値に配慮した合理的意思決定を確保するという究極目的は、共有しているはずである。ただ、そのためのやや下位の目的レベルになると、制度の間に、若干のズレがある。条例独自の目的部分は、十分に存在意義のあるものなのである。この点に関する認識がないままに、形式的に法律と条例の手続を比較して、事業者に法律以上の義務を賦課することは違法という議論をするならば、それは、地方自治の本旨に反する憲法違反の解釈というべきではなかろうか。

六　環境影響評価法の条例関係規定

条例との関係を規定する環境影響評価法60条は、条例制定が可能な事項として、「第二種事業及び対象事業以外の事業に係る環境影響評価その他の手続に関する事項」（1号）と「第二種事業又は対象事業に係る環境影響評価についての当該地方公共団体における手続に関する事項（この法律の規定に反しないものに限る。）」（2号）を掲げる。さらに、61条は、自治体が「環境影響評価に関し必要な施策を講ずる場合においては、この法律の趣旨を尊重して行うものとする。」と規定する[18]。後者は、1983年に審議未了廃案となった環境影響評価法案38条と同じ内容の規定である。

60条1号は、法律対象事業以外の事業に対する環境影響評価条例を認める「落穂拾い規定」である。2号は、条例による付加的手続を認める規定であり、これらは、条例制定権の範囲と限界に関する解釈論からし

て，いわば，当然のことを述べたにすぎない。その意味では，わざわざ規定する意味があるかどうかに，疑問も呈せられよう。

本章の問題関心からは，とくに，60条2号が重要である。これに関しては，法案審議の過程で，たとえば，事業者に対して法律以上の法的義務を条例で賦課すれば違法になるという答弁がされている[19]。こうした考え方は，前回の環境影響評価法案作成作業の際に，すでに示されていた。すなわち，1981年3月10日付けの「環境庁・自治省統一見解」によると，「法律の対象事業について，条例で手続等を附加し，このことにより，法律に定める手続等の進行を妨げ，又は瑕疵を生じさせることは認められず，そのような条例を定めることはできない。また，法律の対象事業について，公害の防止及び自然環境の保全の観点から，条例で環境影響評価の一連を手続等を定めることもできない。」とされていたのである。

法律と条例の制度目的がまったく同一であるのならば，あるいは，こうした議論も可能かもしれない。しかしながら，川崎市条例を例にして先にみたように，自治体制度には，国の制度が持ちえない独自の目的があるのであって，この点に配慮せずに展開される形式的法律専占論には，にわかに与することはできない。自治体制度の独自性が認められる範囲において，条例を通じて，事業者に対し，公聴会への出席義務づけや見解書の提出義務づけなどの法的負担を課すことがあっても，その適法性は，十分に認められるというべきである。

もっとも，両制度は，かなりの程度，目的を共通にするから，たとえ，ズレている部分があるとしても，それゆえに，まったく二重の手続を課すというのも，比例原則の観点から，合理的ではない。自治体サイドから考える場合には，留意すべきポイントである。

こうした整理にもとづく筆者の試案は，別に示しておいたので，参照されたい[20]。

七　おわりに

　複数の自治体関係者から漏れ聞くところによれば，環境庁は，これまで自治体が実施してきた環境アセスメントの内容を法律対象事業に関して事業者にお願いすれば服従が十分に期待できるから，実質的に制度が後退することはないと説明したようである。「行政指導のすすめ」である。たしかに，これまでの自治体制度は，行政指導により運用されてきた面が少なくなく，しかも，実務家は，法的義務であるかどうかに必ずしも敏感でなかった。しかし，制度として行政指導に依拠することは，地方分権の流れからも行政手続法制の理念からも，きわめて問題の多い対応であり，環境庁の時代感覚を疑わせる。

　これからの自治体環境アセスメント制度をめぐる議論に求められているのは，規模による担当の役割分担論ではなく，機能の違いに配慮した制度間の整理である。その際には，従来，行政指導で対応してきた事項についても，法的義務づけという形にすべきかどうかを意識的に考えることが必要になってこよう。

（1）　要綱アセスメントは，「政府は，地方公共団体において環境影響評価について施策を講ずる場合においては，この決定の趣旨を尊重し，この要綱との整合性に配慮するよう要請するものとする。」という規定を有していた。その解説について，環境庁企画調整局環境管理課環境影響審査課（監修）『詳解環境アセスメント』（ぎょうせい・1992年）50頁参照。
（2）　1997年2月14日，12政令指定都市市長の連名で提出された「環境影響評価制度の法制化に関する要望」においては，とくに法律対象事業に関して，従来の自治体制度を存続することができるようにすることが，地方分権の動向を引き合いに出しつつ求められている。研究者の立場から，この点を比較的詳しく議論したものとして，淡路剛久「自治体における環境影響評価制度への取組みと法制化」ジュリスト1083号（1996年）46頁以下・53頁，（財）自治総合センター『環境影響評価制度に関する調査研究報告書』（1997年）25頁以下［大塚直執筆］参照。また，日本弁護士連合会『〔意見書〕環境影響評価法の制定に向けて』（1996年）も参照。

5 環境影響評価条例と法律対象事業

(3) 自治体制度の目的と環境影響評価法との関係について簡単に論じたものとして、北村喜宣『環境政策法務の実践』(ぎょうせい・1999年) 219頁以下参照。

(4) 改正前の川崎市条例の解説は多いが、さしあたり、以下のものを参照。河原茂「環境影響評価制度：川崎市の場合」原田尚彦(編著)『公害防止条例』(学陽書房・1978年) 95頁以下、公害・地球環境問題懇談会[JNEP](編)『これでわかる環境アセスメント』(合同出版・1994年)、小島渡「川崎市環境アセスメント条例の現状と課題」都市問題77巻3号 (1986年) 41頁以下、横浜弁護士会公害対策委員会『環境アセスメントの制度的研究：川崎市条例を中心にして』(1978年) 40頁以下。

(5) 川崎市議会議事録1976年9月20日151〜52頁[蕪木明雄企画調整室長答弁]では、審査は地域環境管理計画を指針として行なわれる旨が明言されている。

(6) 川崎市行政手続条例30条2項は、行政指導の不服従に対する不利益取扱の禁止を規定する。公表には、制裁的機能が予定されていると解されるから、勧告が行政指導であるかぎりは、この規定に抵触するおそれがある。しかし、本文でみたように、そのおそれを現行条例は巧みに回避している。公表に関しては、北村喜宣「行政指導不服従事実の公表」西谷剛ほか(編)『政策実現と行政法』[成田頼明先生古稀記念論集](有斐閣・1998年) 133頁以下参照。

(7) 環境アセスメント制度の性格づけに関しては、山村恒年「環境アセスメントの法律問題」成田頼明(編)『行政法の争点〔新版〕』(有斐閣・1990年) 260頁以下参照。

(8) 原科幸彦「環境アセスメントにおける国と地方自治体のあり方」法律のひろば49巻12号 (1996年) 27頁以下・30〜32頁参照。

(9) 原科・前註(8)論文31頁、北村喜宣『自治体環境行政法』(良書普及会・1997年) 192頁以下、畠山武道「住民参加と行政手続」都市問題85巻10号 (1994年) 43頁以下参照。

(10) 詳しくは、小島・前註(4)論文49〜50頁参照。公聴会の記録として、川崎市『川崎火力発電所1・2号系列建設計画に係る公聴会会議録』(1997年3月23日)参照。

(11) 北村・前註(3)書221頁、環境庁環境影響評価研究会『逐条解説環境影響評価法』(ぎょうせい・1999年)(以下「逐条解説」として引用。) 27頁、鎌形浩史「環境影響評価法について」ジュリスト1115号 (1997年) 36頁以下・37頁参照。

(12) 詳しくは、北村・前註(3)書219頁以下参照。衆議院環境委員会で採択された「環境影響評価法案に対する附帯決議七」も、目的同一という認識のようである。自治体環境アセスメント制度の機能の分析については、北

村・前註（9）書147頁以下参照。環境庁関係者も，「地方独自のアセスメントの方が豊かな可能性を持っているようにも思える。」とするが，そうした機能を法対象事業に活用することによって，自治体環境管理の質を向上させるという発想ではない。寺田達志『わかりやすい環境アセスメント』（東京環境工科学園出版・1999年）143～44頁参照。
(13)　鎌形・前註（11）論文37頁参照。都道府県と市町村のアセスメント制度についても，こうした議論は妥当する。北村・前註（3）書263頁以下参照。
(14)　北村・前註（9）書90頁以下参照。もちろん，これは，当該自治体以外の市民のコミットをまったく排除することを意図するものではない。
(15)　最近における自治体環境計画の制定実態については，高橋秀行「自治体環境基本計画の現状と課題：市民参加・重点施策・フォローアップ体制の視点から」行政管理研究89号（2000年）19頁以下参照。
(16)　内容の妥当性はさておき，地域環境管理計画と環境アセスメントを連動させる制度設計は，筆者には，きわめて合理的な発想であると思われるが，横浜弁護士会公害対策委員会・前註（4）書145頁は，否定的である。
(17)　省庁間で決着した「覚書」などがあるためか，第140回国会衆議院環境委員会および参議院環境特別委員会における法案審議にあたっての政府委員（田中健次環境庁企画調整局長）答弁には，何が何でも統一的取扱いにこだわる「かたくなさ」すら感じる。
(18)　環境影響評価法60条に関する分析として，大塚直「環境影響評価法と環境影響評価条例との関係について」西谷ほか・前註（6）書107頁以下，倉阪秀史「環境影響評価制度における法律と条例の関係について」本書4，田中充「自治体の環境影響評価制度づくりの論点」本書6，渡辺真「環境影響評価法案の問題点」日本エネルギー法研究所月報126号（1997年）5頁以下参照。法60～61条の解説として，逐条解説・前註（11）書244～47頁参照。
(19)　第140回国会衆議院環境委員会議録4号（1997年4月15日）18～19頁［田中健次環境庁企画調整局長答弁］，逐条解説・前註（11）書245～46頁参照。この論点に関する質問・答弁をまとめたものとして，環境新聞1997年5月28日2面参照。
(20)　筆者は，以上の認識を踏まえて，川崎市条例をいかに法律対象事業に適用するかについて，肯定の方向で，試論的に検討をした。この点については，北村・前註（3）書238頁以下参照。

6 自治体の環境影響評価制度づくりの論点

[田中 充]

要 旨

　環境影響評価法が平成11年6月に全面施行されたことを受け，都道府県や政令市等で環境影響評価制度を見直す動きが広がっているが，そこには三つの論点があると思われる。
　第一は，それまでの制度の手続や手法の不備を整理し，より優れた仕組みを取り入れようとする試みである。
　第二は，法と自治体制度との関係を明らかにし，法の対象事業において知事意見の形成の措置など自治体としての枠組みを整理する作業である。関連して，法では，自治体制度の固有の手続を条例対象事業に適用することは，事業者に過大な負担をかける限り法に反するとされている。法との関係で自らの制度をどのように構築していくのか，自治体としての工夫が問われる。
　第三は，最も本質的な課題として，環境基本条例をはじめ自治体環境法制が体系化されてきた中で，アセス制度をどのように位置づけていくべきか，自治体政策のコンセプトを明確にすることである。
　本稿は，自治体における環境影響評価制度の構築に際してどのような課題があるのかを実務行政に携わる立場から検討する。まず，第三の論点に関連し，自治体制度の基本的な位置づけ，とくに環境基本計画との連携の視点から論じる。その後に，第一の論点を中心に，全面的な改正を行った川崎市条例を事例として，自治体の環境影響評価制度づくりを進める上での具体的な課題を検討する。なお，第二の論点に関して，すでにいくつかの論考がなされており，ここでは必要な範囲で触れるに止める。

一　はじめに

　環境影響評価法（平成9年6月公布，以下「法」という。）が平成11年6月に全面施行されたことを受け，都道府県や政令指定都市で環境影響評価制度（以下「アセス制度」ということもある。）を見直す動きが広がっている[1]。その際，多くの自治体ではそれまでのアセス要綱を条例化し，あるいは条例を改正する方向であったが，そこには大きく三つの論点があるように思われる。

　第一は，制度の見直しにあわせて，これまでの手続や手法の不備を整理し，よりよい制度につくりかえていくことである。約20年に及ぶ国や自治体のアセス制度の実績を踏まえ，より優れた仕組みを取り入れようとする試みにほかならない。

　第二は，法と自治体制度との関係を明らかにすることである[2]。法の対象事業において，知事意見を形成するための措置など自治体として対応すべき枠組みを整理し，条例上に規定する作業が必要となる。関連して，法60条と61条は法と自治体制度との係わりを規定しているが，地方分権を進める自治体の立場からはやや障害となる解釈が示されている[3]。例えば，事業者による再見解書の提出等の手続は，条例対象事業（法対象事業以外の事業）に適用することはむろん支障はないが，これを法対象事業に適用することは，事業者に過大な負担をかける限りにおいて法に反するとされている[4]。こうしたことを踏まえ，法との関係で自らの制度をどのように構築していくのか，地域住民を抱える自治体としての工夫が問われる。

　第三は，この点が最も本質的な課題となるが，環境基本条例をはじめとする自治体環境法制が体系化されてきた中で，アセス制度をどのように位置づけていくべきか，自治体政策のコンセプトを明確にすることである。地域行政の視点に立って環境影響評価のあるべき姿を構想し，そこから地域の環境管理にとって最も望ましい制度を確立し運用していくことが求められよう。

6 自治体の環境影響評価制度づくりの論点

　本稿では，自治体におけるアセス制度の構築に際してどのような課題があるのか，自治体行政に携わる実務者の立場から検討する。まず，上記の第三の論点に関連し，自治体制度の基本的な位置づけとあり方について論じる。その後に，第一の論点を中心に，最近全面的な改正を行った川崎市条例を事例として，自治体の環境影響評価制度づくりを進める上での具体的な課題を検討する。なお，第二の論点に関して，すでにいくつかの論考がなされており，ここでは必要な範囲で触れるに止めることにしよう[5]。

二　環境行政における環境影響評価制度

1　環境政策手段としての環境影響評価制度

　我が国の環境影響評価制度は，1970年代初めに公有水面埋立法や港湾法等の個別法の仕組みの中で部分的に導入された後，70年代後半における自治体の環境影響評価条例の制定によって本格的にスタートすることとなった[6]。当時の環境行政の主要な政策課題は，産業公害問題と自然環境破壊への対応であり，整備された各種の施策手法もその解決のためのものであった。アセス制度も例外ではなく，主として産業公害と自然環境破壊の未然防止を意図して制度設計がなされた。例えば，1984年の閣議決定に基づくアセス制度（閣議アセス）では，評価項目は公害防止と自然環境保全に係わる分野が中心であり，その評価手法も主に環境基準という数値目標に照らして予測評価する技法が採用されていた。これは「事業アセスメント」と呼ばれ，道路や土地造成，工場立地等の個別事業に関して，その事業計画が確定した段階で環境影響評価を行い，個別に環境配慮や環境保全対策について検討する手法が中心であった。

　その後，1992年の地球サミットで「持続可能な発展」という理念が国際社会の総意として合意され，環境行政の理念・目的も大きく拡大する

二 環境行政における環境影響評価制度

ことになる。すなわち，持続可能な社会の構築をめざして，社会経済活動全般を環境に配慮するよう転換することが環境行政の基本目標となり，この趣旨を受けて1993年に環境基本法が制定された。同法20条では，環境影響評価の推進に関する条文を置き，環境影響評価制度の根拠を規定している。こうした観点からみると，今日求められている環境影響評価とは，地域社会における諸行為や経済活動（当面は一定規模以上の活動や行為が対象となる）を環境の視点から事前に予測評価し，必要に応じてコントロールすることにより，持続可能な社会を実現していくための有力な手段として考えることが必要である[7]。

さて，自治体環境行政において環境影響評価制度をどのように位置づけるべきだろうか。今日，アセス制度を有している都道府県及び政令指定都市は，大半が環境基本条例を制定し，環境基本計画を策定するなど環境行政の総合化を図っている。一般に環境基本条例は，環境行政の基本理念や原則等を示すとともに，施策の基本的な枠組みを明らかにするものである。また，環境基本計画は，環境行政の目標となる望ましい環境像を掲げ，それを実現するための施策体系と進行管理の仕組みを提示する内容を備えている[8]。

こうした自治体政策の枠組みの中で，アセス制度は，環境基本条例と環境基本計画に掲げられた環境上の理念・目標を実現するための主要な手段である。公害対策における事業所規制や自然環境保全のための開発規制等とならぶ，基本的施策の一つといってよい[9]。前述したように，環境行政の最終的な目標は，それまでの公害防止と自然環境保全という限定された分野から，持続可能な社会の構築という総合的で，構造的な課題に拡大してきている。こうした状況下では，当然ながら環境影響評価の趣旨目的をはじめ，手続や技術手法も見直しを求められよう。

自治体行政は，このような認識のもとで，アセス制度の目的を明確に理解し，環境政策の体系の中に位置づけていく必要がある。単に新しく法が制定されたという受け身の発想ではなく，自治体固有の責務である地域環境の管理の手段として積極的な意義をみいだし，これを必要かつ十分な制度としていくべき姿勢が必要であろう[10]。

また，自治体にとって，当然ながら法の環境影響評価制度も，地域環

境を管理し,望ましい環境像を実現していく手段の一つである。現行の法制度で十分にこれが担保されるのであればよいが,もし不十分だとすれば,自治体としての主体的な立場から独自の領域や手法を付け加え,補強していく必要があることはいうまでもない。

2 環境基本計画と環境影響評価制度との連携

環境基本計画では,住民が安全で健康的な生活を営む上で基礎となる自然環境,生活環境から,快適で潤いのある快適環境,そしてすべての生物の生存基盤である地球環境まで対象範囲とし,地域社会がめざす望ましい環境像を住民に見える形で掲げ,その実現のための施策を体系的に示すなど,環境行政の基本フレームが描かれている。しかも,環境基本計画は,基本条例の規定により住民参加を経て策定されるから,環境行政の目標や保全水準は,一定の住民合意の下で計画に盛り込まれているとみることができる[11]。

そこで,地域社会の諸活動を環境影響評価によりコントロールし,地域の環境管理を進めていくという前提に立つなら,アセス制度を環境基本計画推進のための政策手段として位置づけ,両者を相互に関連づけていくことが必要となる[12]。だが実態をみると,ほとんどの自治体では環境基本計画とアセス制度との連携は希薄であり,基本計画の目標とアセス制度の評価等との係わりは積極的には意識されていない。

しかし,アセス制度の中で環境基本計画との関係を規定している例も,少数ではあるが,存在する。千葉市の環境影響評価条例(1998年9月公布)は,「事業者は,対象事業の実施前において,千葉市環境基本条例第10条に基づき定められた千葉市環境基本計画により,事前配慮を行わなければならない」(第6条)とし,環境影響評価の事前手続として環境基本計画に基づき環境配慮を行うことを求め,配慮の内容をスコーピング手続で作成する事業計画概要書(法の実施方法書に当たる)に記載させる規定を置いている。

また,川崎市の環境影響評価に関する条例(1976年10月公布,1999年12月改正)は,地域環境管理計画の策定を条例上に位置づけ,対象事業が

二 環境行政における環境影響評価制度

及ぼす環境影響を地域環境管理計画を指針として評価する仕組みを整備している。地域環境管理計画には，評価項目と地区別環境保全水準（評価基準）が示されており，対象事業に係わる環境影響の予測評価にあたって，計画に基づき評価されることにより，対象事業はトータルで環境保全水準に誘導される仕組みである[13]。なお，川崎市の条例の構造が，千葉市条例のそれと異なるのは，千葉市では環境基本計画との整合性の確保を環境影響評価の事前手続としているのに対して，川崎市では環境影響評価の手続の中で正面から地域環境管理計画との適合を求める仕組みとしている点である。

そこで，アセス制度と環境基本計画との連携のあり方について，環境影響の評価や保全対策等の基本指針として環境基本計画を位置づけ，方法書や準備書の段階で活用し，環境基本計画に掲げる目標に事業計画を誘導していく仕組みが考えられる[14]。例えばスクリーニングやスコーピングでは，環境基本計画の内容に基づき，自然環境上の留意すべき条件により対象事業を判定し，また評価項目の絞り込みを行うことなど十分可能である。そして，住民参加手続を通じて，具体的な地域ニーズを踏まえ事業計画の見直しを行い，より望ましい事業内容に導いていく流れが構想される。

このような枠組みをさらに発展させ，事業レベルの環境影響評価のみならず，より上位の計画・政策についても環境基本計画との整合を図ることが考えられ，いわゆる計画アセスメント（戦略的環境影響評価）にも途をひらくことになる[15]。

3 環境影響評価の趣旨目的のあり方

環境影響評価制度の枠組みを考えると，大きく二つの側面がある[16]。第一は，手続法というべき内容であって，事業計画の立案者に対して，地域環境に係わる情報や判断材料を提供し，また住民参加の措置を定めることによって，事業者が自ら配慮を組み込んでいく流れを制度化するものである。事業者の自主管理（セルフコントロール）を前提に，それを促すための手続を規定するという手続的側面を重視するタイプである。

6 自治体の環境影響評価制度づくりの論点

　第二は，いわば規制法型であり，事業計画が環境影響評価の結果を満たすことを許認可の条件とし，許認可権者が行政処分にあたってその反映状況を含めて審査することにより，一定の強制力を担保するものである。実体法的な側面を強調した仕組みともいえる。

　今回の環境影響評価法の構造をみると，基本的な流れは事業者の自主配慮に主眼をおく手続法型であり，最後の出口で，許認可権者となる所管官庁が許認可の要件として環境影響評価を活用する仕組みとなっている。すなわち，法の2条と1条の規定から，法にいう「環境影響評価」とは，事業者が，①事業の実施に当たり，②環境の構成要素に係わる項目ごとに調査，予測及び評価を行い，③事業における環境の保全のための措置を検討し，④その措置が講じられた場合の環境影響を総合的に評価する，ことを指し，事業者が行う内部行為として位置づけている。そして，許認可を通じて，環境影響評価の結果を事業計画に反映させ，環境保全への適正な配慮がなされるよう確保するとしている。いわゆる横断条項（法33条）である。こうした法制度の趣旨は，事業者に対して地域住民や知事，市町村長の意見が集約される情報提供システムであり，事業者がこれを受けて自主的に配慮を行い，その内容を許認可権者がチェックする構造ということができる。

　さて，自治体のアセス制度の趣旨目的をどう考えるべきだろうか。制度改正後の多くの事例は，自治体においても法と同じ目的とすることを前提にしているような印象を受ける。すなわち，自治体制度と法とは同じ目的を持ち，手続や手法は同様の内容とした上で，対象事業の規模や種類を分担していくという発想である。

　しかし，これまでの自治体のアセス制度の経緯を振り返ると，行政（自治体）を中心とする手続を規律することによって，地域特性を踏まえた住民参加や住民合意を通じて環境保全を実現することに力点が置かれているように思われる。これを一歩進めて，自治体制度では，法の規定より趣旨目的を広げて設定する場合も考えうる。むしろ，国の行政と自治体行政は，環境行政の基本理念や確保されるべき水準等といった基本的な目標では同じであっても，それを達成するための中位から具体に至る段階（中目標・小目標）では，地域社会のニーズや住民意識の広が

二 環境行政における環境影響評価制度

り，開発事業の動向等に差異があることから，当然に異なる部分が生じてよい[17]。そこで，環境行政の基本理念として「現在及び将来の良好な環境の保全及び創造」を掲げるとしても，その手段となるアセス制度において，事業者の自主配慮を中心としたシステムに重きを置くか，あるいは住民合意による環境配慮の推進の仕組みを重点とするか，制度設計の上で大きな分岐点となる。もし，自治体のアセス制度を法とはより範囲を広げて構築するとするならば，その趣旨を規定に明示しておくことが必要であろう[18]。

例えば，神戸市の環境影響評価等に関する条例（1997年10月公布）では，条例の目的（1条）で「……土地の形状の変更，工作物の新設等の事業の実施に際し，環境の保全の観点からの事前配慮を行うこと並びに環境影響評価及び事後調査等の手続に関し必要な手続を定めることにより，環境の保全の見地から適正な配慮がなされる」（下線部は筆者，以下同じ）こととして，環境影響評価手続のみならず，その事前に環境の保全の見地から手続を課すこと，また事後に実態調査等の手続を課すことを明記し，自治体制度としての目的範囲を広げている。実際，神戸市の制度では，事業者が事業を計画するにあたり，市長があらかじめ定めた事前配慮指針に基づき，環境保全の観点から，環境影響評価の手続に先立ち事前に配慮するよう求める仕組みを導入している。この事前配慮の仕組みは，条例の対象事業だけでなく法対象事業にも適用している点でも注目される。

また，神奈川県の環境影響評価条例（1998年12月公布）では，1条で「……土地の形状の変更，工作物の建設等の事業の実施が環境に及ぼす影響について，あらかじめ調査，予測及び評価を行い，その結果を公表し，及びこれに対する意見を求めるための手続その他の環境影響評価の関する事項を定めることにより，……環境保全上の見地から適正な配慮がなされる」ことを目的としている。これは，環境影響評価の手続を行うことに加え，この結果を住民等に公表し，これに対する意見を求めるという住民参加の視点をより積極的に明記している点で特色がある。

4 環境影響評価制度が果たす機能

環境影響評価制度が果たす役割として，大きくコミュニケーション機能と環境配慮機能があげられる。また，これを①情報提供・交流，②意思形成，③誘導，④規制に分類する考え方も指摘されている[19]。

第一に，アセス制度は，事業計画の立案にあたって環境に関する情報を収集し，提供するシステムとみることができる。一連の手続を通じて，地域住民に対して事業計画や環境影響評価の情報が公開され，また事業立案者に対しては地域の情報等が提供されることにより自ら環境配慮を行うよう促す側面を持ち，さらに把握された情報は政策決定者に提供されるなど多面的な機能を果たしている。住民意見書や説明会，公聴会等の手続により，住民と事業立案者との間で双方向に情報提供・交流が行われる点は重要な役割である。

第二に，こうした情報提供が発展した形として意思形成の機能を捉えることができる。事業立案者から，事業計画の内容や環境影響に関する情報が準備書や説明会等によって住民に開示される。これに対して，住民から意見書が提出され，公聴会等において意見表明がなされることにより，事業立案者と住民の間で情報の交流が活発に行われる。その結果，事業計画への双方の理解が深まり，事業の実施について合意形成のプロセスをより強めることが期待できる。実際，自治体のアセス制度では，事業者の見解書に対する住民の再意見書の提出手続，公聴会における事業者と住民の討論方式等を採用し，合意形成機能の強化を図っている例もみられる[20]。

第三に，情報提供や合意形成を通じて，事業立案者が計画内容を見直し，環境配慮を向上させることがあげられる。アセス手続を経ない通常の開発事業では，法令の規制基準等に基づき環境保全のための措置が要求され，その範囲内で環境対策が計画内容に組み込まれる。しかし，アセス制度の適用を受ける事業の場合は，地域の環境特性の反映や住民意見への配慮等の手続を通じて，事業計画に対して時には規制基準を上回る目標の設定や規制基準にない項目への配慮が求められる。この結果，より高い水準で環境配慮が取り込まれることが生じ，計画内容の見直し

が誘導される。例えば，高層建築物の建設において，周辺地域への日照に配慮して法令の基準より厳しい日影規制が盛り込まれ，計画の見直しに至る例がみられる。なお，法令の規制基準を越える環境配慮は，事業者の自主的配慮の領域であって，規制基準とは強制力が自ずと異なることに留意する必要がある。

　第四として，先に述べたようにアセス制度は規制的な役割も有する。法は，免許や認可を必要とする開発事業を対象に，免許大臣が手続の最終段階でアセス結果を許認可の要件に組み入れることにより，実質的に規制的な機能を果たす仕組みである。自治体の新しい制度でも，法と同様な効果をねらい，アセス結果を自治体事務の許認可に反映する横断条項を規定することが広がっている。また，アセス手続終了まで事業着手を制限する規定を置き，これに違反した事業者に罰則を科す制度もある。

　以上のようにアセス制度の役割は，大きくコミュニケーション機能と環境配慮機能に区分することができる。そして，これまでの実績等を考えると，自治体制度では住民とのコミュニケーション機能において積極的な役割を果たすことが期待されよう。

5　環境影響評価における住民参加の意義

　自治体のアセス制度は，事業計画における環境配慮を徹底するとともに，計画立案に対する透明性や信頼性の確保をめざしているが，そのいずれにも住民参加が重要な位置を占めている。

　ところで，法における住民参加の位置づけは「情報提供参加」といわれている[21]。すなわち，事業者の自主的な行為に対して，住民参加は地域や現場の情報を事業者に提供する役割を担い，また主務大臣が行う免許等に際して住民参加はその判断材料の一つとして地域情報を提供する機能を果たしていると解される。しかし，住民参加の機能はこれに止まるものではなく，利害関係者としての権利防衛参加や地域の有権者として決定参加等の側面があることも指摘されている[22]。

　確かに，法制度にみられるように，地域住民の生活に根ざした情報が提供されることにより，事業者は貴重な情報を見落とすことを防ぎ，さ

6 自治体の環境影響評価制度づくりの論点

らに事業計画の立案に地域情報を積極的に活用していくという意味で，情報提供参加としての一定の役割は認められる。しかし，「ご意見をお出しください」という情報提供参加は，自治体行政が進める住民参加の中で最も基礎的なレベルにあるといってよい。また，住民からの一方通行の情報提供の仕組みは，その扱いが事業者の裁量にまかされるという点で，提供された情報は事業計画立案の材料に活用されることもあるが，時には事業者の利益が優先して取り扱われるという可能性にも留意しなければならない。

これに対して，自治体制度における住民参加は，情報提供参加だけでなく，望ましい地域環境の実現に向けた政策形成や意思形成への参加に役割を広げているようにみえる。自治体制度では，事業者が作成した環境影響評価準備書の計画案に対して，住民から異論や意見が出され，公聴会等で住民の生の意見を聴く経過の中で，事業者が自主的に当初案の修正を行うことはしばしばみられる。また，住民意見を踏まえた審査会の審議等を通じて，自治体首長の審査書に指摘事項が盛り込まれ，事業者に計画内容の修正を求めていくプロセスもある[23]。こうした手続の中では，住民意見は一定の重みを持って受け止められ，法制度に比べてより重要な位置を与えられていると考えてよい。

自治体のアセス制度では，住民参加を促すために多様な手続を組み込むよう工夫することが重要である。また，住民参加の前提は事業計画に関する情報の公開であり，関連情報を早い段階から広い範囲にわたって公開することが必要不可欠である。公開性と透明性は，住民参加機能を十分に発揮する上で必須の要素であろう。

具体的には，幅広い評価項目や代替案の記述など方法書や準備書の記載内容を充実すること，討論形式の公聴会によるきめ細かな住民意見の聴取，事後調査における住民意見の提出等の規定を設けることが考えられる。また，事業者見解と住民意見を比較考量する場としての第三者機関（審査会）の設置は，審査意見の客観性を高めるとともに，制度上の結論となる首長の審査書について公平性を担保するという効果も期待でき，導入すべき措置であろう。なお，審査会に関して，公正な観点からの審議に支障をきたす等の理由で，会議を非公開とする自治体がみられ

る。しかし，審査プロセスを透明にし，制度全般に対する住民の信頼性を確保するという意味から，公開制のメリットは大きいと考えたい。

　ここで，住民参加を活発に進めるための公聴会や事業者の再見解書等の自治体独自の手続は，法対象事業との関係で問題となる。すなわち，法対象事業において条例で手続を定めるにあたり，法に違反するか否かの基準として「法に定める手続を変更し，又はその進行を妨げるような形で事業者に義務を課すこと」が挙げられており，この運用解釈から事業者の出席を義務づける公聴会の開催等は法に反するとされている[24]。これは，法が全国統一的な規定を置くことを旨とし，法に定める手続の進行に関して，地域に応じた多様な仕組みにより不均一となることを忌避したものと理解される。自治体の立場からは，条例対象事業には地域固有の手続を課すことができるが，より規模が大きく地域環境に及ぼす影響が重大な法対象事業に関しては自らの制度に基づき住民参加を促すような手続が適用できない，という矛盾を引き起こすことになる。

　もとより，全国の地域によって住民の生活意識は様々であり，環境に対する期待やニーズも異なることを考慮すれば，アセス手続における参加の形態は多様性があってよい。加えて，都市活動の密度が高い地域では事業による環境影響をきめ細かく制御していくことなど，地域特性に応じて伸縮的に手続を定めることは地域住民にとって十分納得しうるものである。これまで多様で工夫に富んだ手法が試みられてきた自治体制度が，今回の立法化によって法制度の中では排除されることは，重要な問題点として指摘しておきたい。

三　自治体の環境影響評価制度の具体的な論点
　　　——川崎市条例を例として

1　自治体のアセス制度改正の動き

　環境影響評価法の制定の前後から，自治体でアセス制度を見直す動き

6　自治体の環境影響評価制度づくりの論点

が広がってきた。その内容は，多くの場合に制度化の方式として条例によることを選択した上で，法で新たに導入された手続や手法を取り入れつつ，自治体固有の仕組みを付加する工夫を行うものである。ここで，法に対応して制度の見直しを行った自治体について，法制度との比較を行うと，概ね表のように整理できる。また，自治体の新アセス制度における手続の流れは，一般的に次のようにまとめられる。

　① 対象事業とするか否かの判定……制度化は少数
　　　　　⇩
　② 方法書手続……すべての自治体で導入
　　　　　⇩
　③ 準備書手続……すべての自治体で導入
　　　　　⇩
　④ 事後調査手続……すべての自治体で導入

このうち，対象事業の判定（スクリーニング）や方法書（スコーピング）等は，今回の法に導入されたことを受けて，法制度との整合化を図り，同様の手法を整備するという観点から，新たに取り入れられたものである。しかし，より詳細にみていくと，自治体制度と法の仕組みとは，住民参加の位置づけと手続，対象事業の設定，事前配慮等で若干の違いが生じている。

以下，自治体の環境影響評価制度づくりにおける主要な論点について整理した上で，川崎市環境影響評価条例を例として，それがどのように取り込まれているか検討する。

2　対象事業の設定 —— 種類と規模

対象事業の設定は，アセス制度の根幹に係わる基本事項である。この場合，考慮すべき要素としては，事業の種類と規模という二つの内容がある。

ところで，法の対象となる事業は，環境影響評価の結果を許認可等を通じて事業計画の内容に反映させるという制度の趣旨から，法令等で国の関与があるものに限り設定されている。すなわち，①政令で定める免

三 自治体の環境影響評価制度の具体的な論点

表1 環境影響評価に関する法制度と自治体制度との比較

項　目	法　制　度	自　治　体
1 制度の射程（範囲）	「環境影響評価」に限る	「環境影響評価」及び「事後調査」，一部の自治体では「事前配慮」等を規定
2 環境基本計画との係わり	なし	一部の自治体で導入　事前配慮等で基本計画と連携の仕組み
3 対象事業	大規模な開発事業等の道路，鉄道，埋立等の14種，面開発は原則100ha以上（二種事業は75％以上）	事業の対象事業に比べ，工場・研究所，高層建築物，ごみ焼却施設，レクリエーション施設等の事業が加わり種類が多い
4 事前配慮手続	なし	一部の自治体で導入　対象事業について「事前配慮」「計画段階手続」を規定
5 対象事業の判定手続	導入　必ず対象となる一種事業の75％以上の規模の事業を判定の対象　判定主体は免許等の大臣	一部の自治体で導入　基本的手続は法と同じ（対象事業要件の75％以上の規模の事業を判定）　判定主体は自治体の首長
6 方法書手続	導入　方法書に対する住民意見や知事意見の聴取等，最終的な判断は事業者	すべての自治体で導入　方法書に対する住民意見の聴取，最終的な審査は自治体首長（審査会等の意見を聴く）
7 評価項目	大気・水・土壌等の環境の質，植物・動物等の生物の多様性　景観・人と触れ合いの場，廃棄物・温暖化ガス等の環境への負荷	法対象の評価項目により範囲が広い　左記の評価項目に比べて範囲が拡大（例）日照・電波障害，文化財・歴史的環境，地域コミュニティ，安全性等
8 準備書手続	準備書の縦覧⇒説明会⇒住民意見・知事意見の聴取⇒評価書の作成　公聴会の開催なし　第三者機関の審査なし	準備書の縦覧⇒説明会⇒住民意見の聴取⇒見解書作成⇒公聴会開催⇒審査会審査⇒首長の審査書⇒評価書作成　事業者による見解書の作成，公聴会の開催，審査会の審査等が規定
9 許認可等への反映	あり　免許等大臣が許認可にあたって評価書の内容に基づき審査	あり　知事等が許認可にあたって評価書の内容に配慮，または許認可権者に評価書を送付し環境配慮を要請する
10 事後調査手続	なし　準備書に事後調査手法の記載を定めるが，実体上の事後調査規定はない	すべての自治体で導入　調査計画書の提出，事後調査の実施，事後調査報告書の提出等を規定
11 手続の違反等への措置	許認可等にあたって反映	事業者に対する勧告，従わない場合の公表等の規定，一部の自治体では手続違反等に対し罰則の規定を置く

6 自治体の環境影響評価制度づくりの論点

許等を要する事業,②国の補助金等の交付の対象となる事業,③特別の法律によって設立された法人が業務として行う事業,④国が行う事業であって政令で定める免許等を要する事業,⑤その他の国が行う事業,が法の対象となる。事業種としては,道路の新設,ダムの新築,鉄道の建設など14の種類に及ぶ。

一方,自治体制度の対象事業をみると,点的施設の整備(工場,発電所等),線的施設の整備(道路,鉄道等),面的施設の整備や開発事業(開発行為,区画整理事業等)に分けられ,20以上の事業種を対象としている例がある(表2)。このうち,法対象事業にはないが,自治体制度に多くみられる事業として,廃棄物処理施設,ゴルフ場等のレクリエーション施設,下水道終末処理場,土石採取等がある。自治体では,地域の開発事業の動向や地理的条件を考慮し,事業種をできるだけきめ細かく設定することが重要となる。

次に,対象事業の規模をみると,法制度では相当に大規模な事業が選定されている。例えば,面系の開発事業の場合,必ず環境影響評価手続を行う一種事業は造成面積100ha以上とされ,手続を行うか否か判定するスクリーニング対象となる二種事業は75～100haが設定されている。これに対して,自治体制度では面積規模を50ha程度としている例が多いが,これでは規模要件が大き過ぎるように思われる。

その理由は,第一に,こうした規模要件の設定に従うと,制度の対象が実質的に50～75ha(法対象の二種事業は75ha)の範囲に止まり,限られてしまうことである。スクリーニング手続を採用している自治体の場合には,判定の対象を40ha程度まで引き下げているが,これでも規模要件の幅はさほど大きくはない。

第二に,この結果,制度の対象から外れる事業は50ha未満となり,地域環境にとってある程度規模が大きく重大な影響を及ぼす事業であっても,制度にかからない事態が生じる可能性がある。立地特性にもよるが,10ha以上の開発事業は,市町村レベルの地域にとっては少なからぬ影響をもつ事業であり,良好な地域環境を保全し創造していくためには,当然何らかの環境配慮が求められる事業であろう。だが,このような要件の設定では,これが制度の対象外となってしまう結果を招くことになる。

三 自治体の環境影響評価制度の具体的な論点

表2 アセス制度の対象事業の例

種　　類	環境影響評価法	自治体制度（神奈川県）
点系の事業	発電所 飛行場	飛行場 電気工作物（発電所，送電線等含む） 工場・事業場 研究所（自然科学系） 高層建築物 操車場・検車場 廃棄物処理施設 下水終末処理場 浄水施設・配水施設
線系の事業	道路 鉄道	道路 鉄道・軌道
面系の事業	ダム・堰 廃棄物最終処分場 埋立て・干拓 土地区画整理事業 新住宅市街地開発事業 工業団地造成事業 新土地基盤整備事業 流通業務団地造成事業 港湾計画	ダム，取水堰，放水路 埋立て 土地区画整理事業 住宅団地造成，住宅の造成 工場団地造成 研究所団地造成 流通団地造成 土石の採取 発生土処分場 墓地墓園 レクリエーション施設 学校用地造成 都市公園整備
種類	14種類	28種類

　こうしたことから，対象事業の規模要件の設定にあたっては，できるだけその範囲を拡大することが重要である。また，規模要件の拡大に代え，スクリーニング手法を採用することも考えられるが，その場合は次に述べるようにスクリーニングの基準を思い切って引き下げる等の工夫が必要となる。

6 自治体の環境影響評価制度づくりの論点

3 スクリーニング手続の有用性と課題

　法制度では，必ず環境影響評価を行わしめる一定規模以上の一種事業と，一種事業に準ずる規模を持ち，環境影響評価を行うかどうか個別に判定（スクリーニング）する二種事業を設定している。二種事業は，原則的に一種事業の規模要件の75％が設定されており，これがスクリーニングの対象となる。自治体制度で新しくスクリーニングを導入する場合（千葉県，横浜市等）でも，同様に必ずアセスを実施する事業の規模要件に対して75％の規模をスクリーニング対象として設定する例が多い。

　また，スクリーニングの判定基準について，法制度では事業特性と地域特性の組み合わせで判断するとしている。この場合，事業特性の面から，一般的な事業に比べて環境負荷の大きい内容を含む事業や全体計画が一種事業に相当する事業が指定され，また地域特性の面では，閉鎖性水域や自然度の高い地域など環境影響に特に弱い地域，環境基準が未達成など環境が悪化している地域等に影響を及ぼす事業が指定されている。自治体制度でも，おおよそこれに準じた判定基準を導入している例が多くみられる。

　こうしたスクリーニングの有用性は，規模要件を満たさない事業であっても，個別に事業が及ぼす環境影響等を考慮し，制度の対象とすることが可能となること，結果として対象事業の範囲を拡大していることがあげられる。また，事業者がアセス手続を回避するため対象要件を下回るよう意図的に規模を縮小する行為に対して，これを予防する意味でも一定の効果がある。

　一方，スクリーニング手続の問題点として，判定基準の明確性や透明性の確保，事業者の負担等が指摘される。例えば，判定基準は，事業者にとっても住民にとっても，できるだけ明解なものであることが求められる。特に，事業者にとっては，スクリーニングによってアセス手続が適用されるか否かで経費面や要する時間等が負担となるため，事業計画の立案の時点で当該事業がアセスの要件に該当するかの目安をつけておきたいところである。また，住民にとっても，良好な地域環境の保全を求める立場から，合理的で公正な基準であることが大きな関心事となる。

三 自治体の環境影響評価制度の具体的な論点

　さらに，判定者となる行政（自治体の場合は首長）の判断によって，アセス手続の適否が決定される。このとき，事業者にとってアセス手続を適用すると判定された場合，費用負担等の面で相当な不利益となるため，その判断根拠が明確でないケースでは処分取消しの訴えをおこすことが考えられる。一方，住民にとっても，当該事業がアセス手続の適用外と判定された場合，環境保全の立場からアセス手続を適用すべきという不服申立が生じることが想定され，こうした行政的なリスクも考慮しておかなければならない。

　このように，スクリーニング手続は，地域特性に応じて対象事業を拡大するという点で有用性は認められるものの，行政の負担や事業者コスト等において課題が生じている。これらを総合的に考慮すると，アセス制度の適用範囲が相当に広い区域にまたがり，その中で多様な地域特性がある場合，例えば国全体を対象地域とするようなときには，事業計画の内容と立地特性等に基づき当該事業にアセス制度を適用すべきか否かを個別に判断するスクリーニングは十分意義をもつ。

　一方，自治体の場合には，地域環境の特性は環境基本計画の中ですでに把握済みであり，また地域ごとに望ましい環境づくりの方向性を示す環境像も環境基本計画に掲げられている。このことを踏まえると，環境基本計画に基づき，あらかじめ自治体域を地域区分し，その地域特性に応じてアセス対象となる事業規模を設定しておく方式も有力である。すなわち，把握した地域特性の結果に基づき，例えば，対象事業の別表の中で，特別地域（自然環境が優れている，環境基準が未達成等の地域）と普通地域（特別地域以外の地域）等に区分し，「A事業の対象規模は，普通地域における事業は50ha以上，特別地域に影響を及ぼす事業は10ha以上」と明記する方式は，事業者や住民にとって簡明で，対応がしやすいということができる[25]。

　なお，アセス制度における環境基本計画との連携は，スクリーニングに止まらず，スコーピング手続でも環境基本計画に掲げる地域特性に照らし予測評価項目や調査範囲を定めていく等において活用することが考えられる。

4 アセス逃れ事業への対応

　事業者にとっては，自らの事業計画がアセス制度の対象となることは，費用面で相当な負担となり，また手続期間が長期に及ぶことによるビジネス機会の喪失やコスト増が生じるため，実際はアセス手続を回避したい旨が本音だろう[26]。したがって，事業計画の規模が制度の要件のぎりぎりの場合には，その規模を意図的に要件以下に抑えてアセス回避を行う，いわゆる「アセス逃れ」の行為がみられる。事業者がアセス回避を行う際に取りうる措置として，(ア)事業を意図的に分割し，規模要件を下回るように設定する，(イ)一期計画，二期計画のように時期をずらして行う，(ウ)事業者を別の名義人に変更（関連会社に売却等）し，複数の事業者の事業計画とする，(エ)工業団地と流通団地等のように事業内容を変え，別の事業として行う，などのケースがある。

　こうしたアセス回避行為への対応策としては，①対象とする規模要件を引き下げる，②事業分割に対して「複合開発事業」の考え方を導入し，同一事業者の場合，複数事業の規模を合算し要件に達すれば，アセス対象とする，③一定以上の規模要件の事業に簡易アセスを行い，対象とすべき影響が重大なおそれのある事業を見いだす手続を置く（一種のスクリーニング手法）等が考えられる。

　このうち，最も透明性が高いのは，①の規模要件を引き下げる手法である。事業者のみならず市民にとっても分かりやすく，制度の実効性も期待できるが，実務的には処理案件が増えて事務量が増大することが懸念される。また，引き下げられた規模要件のところで，再びこれを回避しようとする再度のアセス逃れも十分予想されよう。

　③のスクリーニング手法については，事業者にとって大きな負担にならない形で簡易アセスを行い，その結果を公表して対象とするか否か判定する手続であるが，先の3に掲げたような問題点が指摘される。また，スクリーニングの規模要件に近い事業では，アセス逃れと同様に，事業規模を縮小してスクリーニング対象となることを回避する，スクリーニング逃れともいうべき行為が生じる可能性も否定できない。

　②「複合開発事業」の考え方は，一定規模の事業を意図的に分割して

規模要件以下にする，いわゆる小分け分割の行為に有効な措置である。実際，一部の自治体（北海道，千葉県等）では，対象事業の一つに「複合開発」の項を設け，隣接する二以上の開発事業の規模の合算が所定の規模以上となる場合には制度の対象とする規定を置いている。ただし，複数の事業について，事業主体を変更する，実施時期をずらす等の対応が可能であり，こうした対応が取られた場合は，この措置は十分に効力を発揮できないこともあり得る。

　いずれにしても，アセス制度の適用には事業者の協力が前提である。したがって，事業者が意図的にそれを回避する措置を講じた場合にはアセス制度の適用は難しくなることは事実であるが，制度設計に際してはその可能性をできる限り低減していく工夫が望まれる。

5　事業規模等に応じた環境影響評価手続の実施

　自治体のアセス制度では，一定規模以上の事業を対象事業として，これにアセス手続を一律的に適用する仕組みが一般的である。ところで，今回の制度の見直しに際して，対象事業の適否を判定するスクリーニング，事前段階のスコーピング，事後調査等が新たに加わり，手続全体としてより充実したものに改められた。しかし反面，手続期間の長期化や事業者の負担増等が指摘され，行政にとっても事務作業が増え，トータルとして社会的コストが増加する。このため，アセス制度の適用を受ける事業の数を限定する必要があり，結果として，前の2でみたように，相対的に大規模な事業のみを対象とせざるを得ない事態が生じている。しかし，地域環境への影響を考えると，もとより大規模事業を対象として住民参加を含めて厳密な手続をきめ細く行うことは必要であるが，同時に，数の多い中小規模の事業にも適用範囲を広げて十分な環境配慮を求めていくことは重要であろう。

　そこで，一つの工夫として，事業が環境に及ぼす影響の重大さに応じ，多様な形でアセス手続を運用する仕組みが考えられる。すなわち，事業規模と手続の付加との比例原則に基づき，事業規模が大きく環境影響が特に著しい事業に対してはすべての手続（フルスケール）を適用し，事

業規模がさほど大きくないが環境配慮が必要な事業には簡素な手続を適用する方式である。この方式の意図は，年に二件のフルスケールのアセス手続を行う事務量やコストと，年に一件のフルスケール手続と三件の簡易手続を行う事務量等が同じであれば，環境政策の面からは後者の方がより有効であるという判断によっている。

また，自治体制度と法の間では，法が相当に大規模な事業を対象とし，自治体制度はそれ以外の事業を対象とすることになる。したがって，自治体制度において，法対象事業に準じた大規模事業にはスコーピングや事後調査等を含むフルスケールの手続を課し，中規模の事業に対しては準備書手続を中心に必要な手続を行い，さらに小規模な事業にはより簡素な手続を課す，といった三段階の運用も可能である。

具体的な例として，岐阜県の環境影響評価条例（1995年3月公布，1996年4月施行）では，対象事業を規模に応じて一種事業（大規模事業）と二種事業（大規模事業以外の事業）に分類し，一種事業には事前計画書手続と準備書手続，事後調査を全面的に適用するが，二種事業には簡易な事前手続と住民参加を伴わない準備書手続，事後調査を課す仕組みを採用している。この場合，一種事業の規模要件は土地開発事業の区域面積が40ha，工業団地造成事業の区域面積70haであるのに対して，二種事業は土地開発事業が20ha，工業団地造成事業が40haと，一種事業の概ね50%の規模が二種事業の要件となっている[27]。なお，この制度では，二種事業には住民参加手続がまったく含まれていないが，自治体制度の重要なポイントが住民参加にあるという観点からは，簡易手続であっても住民参加を設けるべきだという指摘がありうる。

6 川崎市環境影響評価条例の改正の経緯と主な内容

以上のような論点を踏まえて，事例として川崎市における環境影響評価制度の内容を検討する。川崎市は，全国に先駆けて1976年10月に「川崎市環境影響評価に関する条例」（以下「市条例」という。）を公布し，今日まで年間平均して5～6件，延べ100件以上の事業について制度を運用している。我が国で最も経験ある自治体アセス制度の一つといって

三　自治体の環境影響評価制度の具体的な論点

も過言ではない。市は，1999年6月に環境影響評価法が施行されることを受け，法の規定に伴う所要の措置を定めるために市条例の一部改正を行った後，1999年12月にその全面的な改正に踏み切った[28]。

市条例の全面改正は，制定後20年余を経過した中で，地域環境の保全等に成果をあげてきた制度の実績に配慮しつつ，環境影響評価法の制定や環境問題の多様化など新たな社会状況に的確に対応していくため，制度の一層の拡充を期してその抜本的な見直しを行ったものである。改正にあたっての基本的な方向として，次の四点が指摘されている[29]。

一つは，近年の市内の開発動向を考慮し，条例の対象事業（市条例で「指定開発行為」という。）の種類を拡大するとともに，制度の効率化を図る観点から，事業規模の区分に応じて手続を段階的な適用する仕組みを設ける。

二つは，制度の信頼性を確保し，より透明で公正なものとするため，情報公開を促進し市民参加の機会を拡大するなど，計画段階，事前・事後の段階における手続や手法を充実する。

二つは，法の対象事業についても，地域環境の管理に市が一義的，主体的に取り組むという趣旨から，条例対象事業と同様の環境影響評価を行うこととし，法が対象としない市独自の評価項目に関して指定開発行為と同様の手続を設ける。

四つは，実効ある制度の運用を可能とするため，規模未満の事業を行う事業者にも指定開発行為に準じた手続を促す規定を置くなどアセス逃れ行為を防止する，ことである。

以上の観点に基づき改正された環境影響評価条例は，**表3**に示すように第1章・総則から第8章・罰則まで，83条と附則からなり，公布日から一年を越えない範囲で規則で定める日から施行するとしている。

改正条例の主なポイントは，次のようなものである。

1　対象事業の拡大

条例の対象となる指定開発行為を大きく見直し，「大型商業施設」や「研究施設」を新たに加え，さらに，これまで「工場・事業場」の枠で扱ってきた発電施設等を「電気工作物」として別に項建てした。これに

6 自治体の環境影響評価制度づくりの論点

表3 川崎市環境影響評価に関する条例の構成

```
　第1章　総則

△第2章　地域環境管理計画及び環境影響評価等技術指針

　第3章　指定開発行為に係る環境影響評価等に関する手続
○　第1節　計画段階における環境配慮計画書の作成
　　　　・事業の計画段階における環境配慮計画書の作成
　　第2節　指定開発行為に係る届出
○　第3節　条例環境影響評価方法書の作成等
　　第4節　環境影響評価項目等の選定
　　第5節　条例環境影響評価準備書の作成等
△　第6節　条例準備書に係る審査
○　第7節　条例環境影響評価書の作成等
○　第8節　条例方法書等の変更
　　第9節　指定開発行為の廃止の届出等
　　第10節　指定開発行為の着手の制限等
○　第11節　指定開発行為に係る事後調査に関する手続
○　第12節　指定開発行為に係る手続の併合等

　第4章　法対象事業に係る環境影響評価等に関する手続
　　第1節　法対象事業に係る市長意見の作成等
○　第2節　地域環境管理計画に基づく法対象事業に係る環境影響評価
　　　　　　に関する手続等（法対象事業に係る横だし項目に係る手続）
○　第3節　法対象事業に係る事後調査の実施等

○第5章　指定開発行為等に該当しない事業に対する措置等
　　　　・複合開発事業に対する措置
　　　　・自主的な環境影響評価

　第6章　環境影響評価審議会

　第7章　雑則

　第8章　罰則
```

○：条例改正により新たに設けた規定　　△：一部改正した規定

より，対象事業の範囲が広がり，良好な地域環境の保全と創造に向けて，幅広い開発事業について実効ある対応が期待できることとなった。

2 環境管理計画と技術指針

現行の地域環境管理計画は，①自然環境，地域生活環境，社会文化環境を対象範囲とする評価項目，②予測評価の目安となる地区別環境保全水準，③環境影響評価の標準的技法の三つの内容を定め，環境影響評価における基本的ガイドラインとしている。改正条例でも，市のアセス制度の特色である地域環境管理計画の仕組みは継承するとし，環境保全水準や評価項目，環境配慮の内容に関して環境基本計画と整合を図るよう改めた。また，地域環境管理計画は，環境影響を予測評価する際の望ましい環境像や保全水準等を示すものであるから，その策定に際しては市民意見を反映する措置を置くこととした。

さらに，地域環境管理計画とは別に環境影響評価等技術指針を作成するとし，環境影響評価の技術面となる管理計画の③の内容を引き継ぎ，技術事項の充実化を図ることとした。

3 事業特性に応じた手続の実施

現行の市制度は，規模要件を例えば区画整理事業などの開発事業では1ha以上とするなど，他自治体の制度と比較して小規模事業まで対象を広げていることが特色の一つである。今回の改正でも，規模要件はこれまでの基準を踏襲するとしたが，一方で新たな手続として計画段階手続や事前手続等を導入している。そこで，制度を効率的に運用し，実効を上げるため，従来のようにすべての指定開発行為に一律的な手続を課すのではなく，環境に及ぼす影響の度合に応じて手続を段階的に加重するとした。

具体的には，指定開発行為のうち規模が大きく環境影響が重大な事業を「第一種行為」とし，中程度の規模の事業を「第二種行為」に，またこれにより小規模のものを「第三種行為」に区分して，第一種行為にはフルスケールの手続を置くとともに，第二種行為，第三種行為にはそれぞれ簡素化した手続を適用するものである。なお，第一種行為等の具体

6 自治体の環境影響評価制度づくりの論点

市条例の抜粋（1）

（地域環境管理計画の策定及び公表）
第6条 市長は，良好な環境の保全及び創造を図るため，その基本的な指針として，地域環境管理計画（以下「管理計画」という。）を策定するものとする。
2 管理計画には，次の事項を定めるものとする。
 (1) 市民の健康で安全かつ快適な環境を示す望ましい地域環境像
 (2) 環境影響評価に係る項目（以下「環境影響評価項目」という。）及び当該項目ごとに示す地区別環境保全水準
 (3) その他地域環境像の実現のための環境影響評価に関し必要な事項
3 市長は，管理計画を策定し，又は変更しようとするときは，あらかじめ，市民の意見を反映するための必要な措置を講ずるとともに，川崎市環境影響評価審議会の意見を聴くものとする。
4 市長は，管理計画を策定し，又は変更したときは，規則で定めるところによりこれを公表するものとする。

（環境影響評価等技術指針の策定及び公表）
第7条 市長は，環境影響評価，事後調査等の適正な実施に資するため，次の事項について環境影響評価等技術指針（以下「技術指針」という。）を定めるものとする。
 (1) 環境影響評価項目並びに環境影響の調査，予測及び評価に関する事項
 (2) 環境影響の評価等の手法が確立されていないが，地域における環境の保全の見地から配慮を要する項目及び地球環境の保全の見地から配慮を要する項目（以下「環境配慮項目」という。）に関する事項
 (3) 事後調査に関する事項
 (4) その他環境影響評価及び事後調査の実施に関し必要な事項
2 （以下略）

的な規模要件は，施行規則の中で今後定められることになるが，目安として面開発事業であれば，第一種行為は10ha以上，第二種行為は5～10ha，第三種行為は1～5ha以上といった区分が想定される。

なお，市制度では指定開発行為の規模要件の基準を1haとしており，他自治体に比べてすでに相当にきめ細かく設定していることを踏まえ，今回の改正ではスクリーニング手続は導入しなかった。

4　手続の充実──計画段階手続等の整備

情報公開の促進と市民参加を拡大し，制度の信頼性等を高めるとともに，その効率化にも配慮して，手続の充実・強化を図った。新制度の手続の流れを図に示す。

まず，市が実施する第一種行為について，環境影響評価に入る前に行う計画段階手続を創設した。これは，公共事業に求められる立案過程の透明性を確保し，市が率先垂範して環境配慮を徹底するという観点から，事業計画の立案段階で，事業計画の概要や地域環境管理計画に基づく環境保全の考え方等を記載した環境配慮計画書を作成し，これを縦覧して市民意見を求める手続である。これは，環境基本条例に基づき約5年にわたり運用してきた実績を持つ「環境調査」制度を発展させ，市が主体となる大規模事業に関して，計画段階から情報を公開して市民参加を行う手続を導入したものである[30]。

また，民間事業を含む第一種行為については，調査等の手戻りを回避し，手続を効率的に進めるとともに，より早い段階で事業計画の情報を開示するため，環境影響の予測評価に先立ち評価項目等を公表して市民意見を求める方法書手続を新たに設けた。なお，第二種行為，第三種行為については，事業規模と手続の迅速化等を考慮して方法書手続は適用しないとしたが，これに代わる簡素な手法として，技術指針の中で評価項目や評価手法の選定内容を指定し，事業者はこれに基づき評価項目等の絞り込みを行うものとした。

環境影響評価準備書に係る諸手続，すなわち準備書の縦覧，説明会，市民意見書の提出，公聴会，環境影響評価審議会の審議，市長審査書の作成，事業着手の制限等については，概ね現行制度の仕組みを継承した。

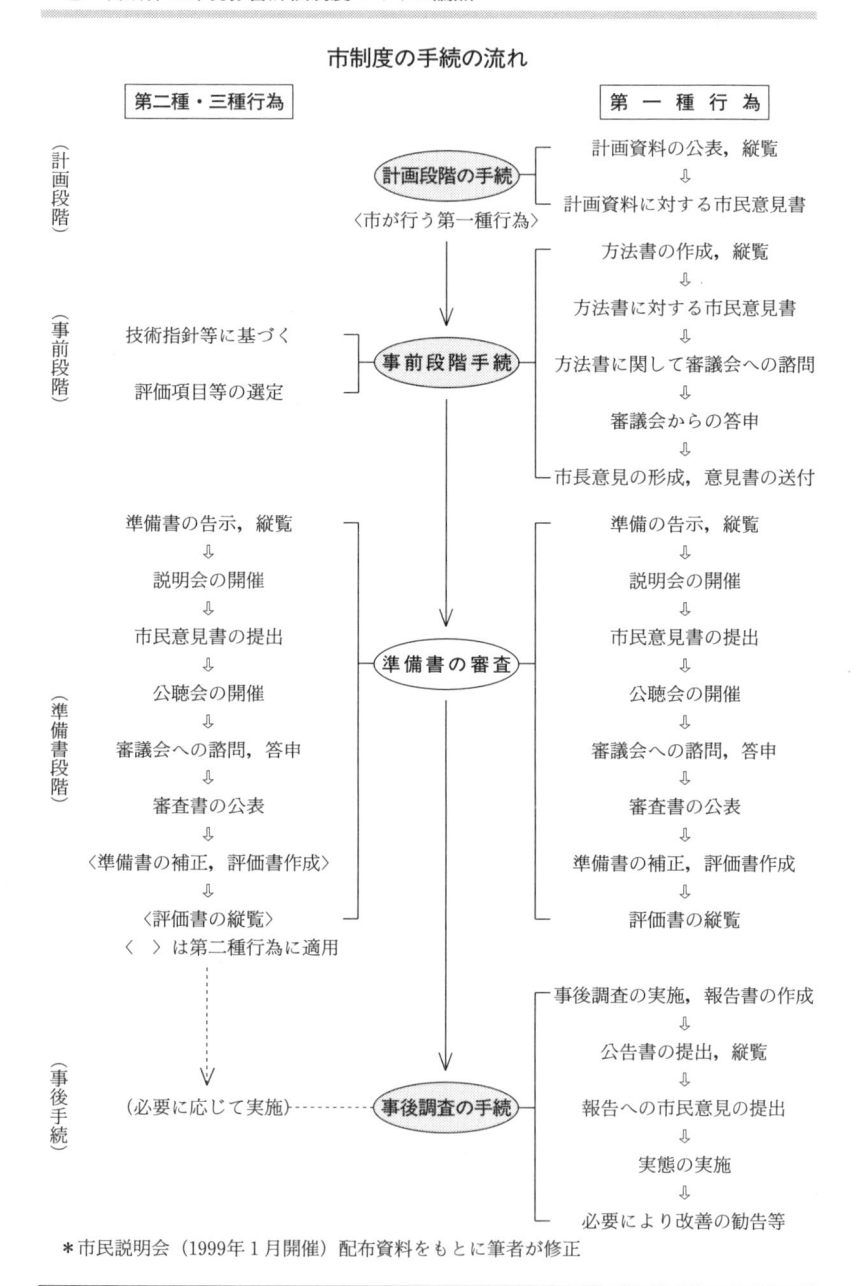

6 自治体の環境影響評価制度づくりの論点

市制度の手続の流れ

	第二種・三種行為		第一種行為
（計画段階）		計画段階の手続 〈市が行う第一種行為〉	─ 計画資料の公表，縦覧 ─ 計画資料に対する市民意見書
（事前段階）	技術指針等に基づく 評価項目等の選定	⇓ 事前段階手続	─ 方法書の作成，縦覧 ⇓ 方法書に対する市民意見書 ⇓ 方法書に関して審議会への諮問 ⇓ 審議会からの答申 ⇓ ─ 市長意見の形成，意見書の送付
（準備書段階）	準備書の告示，縦覧 ⇓ 説明会の開催 ⇓ 市民意見書の提出 ⇓ 公聴会の開催 ⇓ 審議会への諮問，答申 ⇓ 審査書の公表 ⇓ 〈準備書の補正，評価書作成〉 ⇓ 〈評価書の縦覧〉 〈 〉は第二種行為に適用	⇓ 準備書の審査	─ 準備の告示，縦覧 ⇓ 説明会の開催 ⇓ 市民意見書の提出 ⇓ 公聴会の開催 ⇓ 審議会への諮問，答申 ⇓ 審査書の公表 ⇓ 準備書の補正，評価書作成 ⇓ ─ 評価書の縦覧
（事後手続）	⇣ （必要に応じて実施）------	事後調査の手続	─ 事後調査の実施，報告書の作成 ⇓ 公告書の提出，縦覧 ⇓ 報告への市民意見の提出 ⇓ 実態の実施 ⇓ ─ 必要により改善の勧告等

＊市民説明会（1999年1月開催）配布資料をもとに筆者が修正

三　自治体の環境影響評価制度の具体的な論点

市条例の抜粋（2）

> （計画段階における環境配慮計画書の作成等続）
> 第9条　市が行おうとする第1種行為のうち，環境に特に配慮する必要があるものとして規則で定める事業については，技術指針で定める時期までに，事業計画の概要，管理計画及び技術指針を基本とした環境保全の考え方等を記載した書類（以下「環境配慮計画書」という。）を作成し，これを縦覧に供し，環境の保全の見地からの市民の意見を求めるものとする。
> 2　前項の環境配慮計画書その他手続の実施について必要な事項は，規則で定める。

5　事後調査

環境影響評価は，事業の実施前に位置づけられる手続であるが，その予測評価の妥当性や環境保全対策の有効性を確認し，制度の信頼性と実効性を担保するため，事業の実施及び供用段階で行う事後調査はきわめて重要である。

現行の制度では，事業特性に応じて必要な場合には市長審査書の中で事後モニタリングを行うよう求めているが，必ずしも体系的なものとはなっていない。そこで，今回の改正では，住民参加を含む事後調査手続を新たに規定した。すなわち，事業者が事後調査を行い，作成した事後調査報告書について，これを縦覧に付し，内容を公開するとともに，事業の実施状況と報告書の内容について市民に意見を求める仕組みである。この場合，事業の実施状況が環境影響評価の段階（環境影響評価書の内容）と明らかに異なっていると認めるときは，市長は事業者に必要な措置を勧告するとともに，規制権限を有する者にその旨を通知する措置を設けた。

6　法対象事業に対する市の措置

法対象事業については，法の規定に基づき知事への市長意見が求められた際に，市制度と同様の客観性等を保つため，指定開発行為と同じ内容の手続を設けることとし，準備書について市民意見を聴く公聴会や市

6 自治体の環境影響評価制度づくりの論点

長意見の形成に際しての審議会への諮問等の手続を規定した。

また，市制度が対象範囲とする地域環境管理計画に示される環境の範囲には，法にいう「環境」の枠組みには含まれない市独自の評価項目（文化財，電波障害等）がある。これに関して，指定開発行為と同様の手続により環境影響評価等を行うものとし，改正条例にはこれらの横出し項目に係る方法書，準備書，事後調査等の規定を整備した。

7 規模未満事業に対する措置 —— アセス回避事業への対応

事業規模が指定開発行為の要件を下回る場合には，当然ながら市条例が適用されない。このため，市内の開発事業の中には，事業者が指定開発行為の要件を外れるよう事業規模を設定する等の行為がみられている。

そこで，改正条例では，規模未満事業に対する措置として二つの規定を整備した。第一は，複数の事業において，各々が個別には指定開発行為に該当しないものの，実施する区域や時期が近接している等から，それらの複合的な環境影響が総体として指定開発行為以上になるおそれのある事業を「複合開発事業」と位置づけ，第三種行為に準じて環境影響評価を行うよう市長が指導できる仕組みを設けた。この場合，複合開発事業を行う事業者が指導に従わないときは，市長はその理由等について意見を求め，その意見に正当な理由がないと認めたときは，指導に従うよう勧告することとした。なお，勧告に従わないときは，その者の氏名等を公表する旨の規定を置き，指導の規制力を担保している[31]。

第二は，自主アセスに関する規定である。すなわち，規模等からみると指定開発行為や複合開発事業のいずれにも該当しない事業であっても，事業者は，事業の実施に際して自ら環境影響評価を行うことを申し出ることができ，その場合，市長は情報提供等の必要な協力を行う旨を規定した。これは，規模未満事業を行う事業者に対する行政指導の根拠を明確にしたものである。

なお，こうした規模未満事業に対する措置を含めると，市条例に基づくアセス手続として，規模等により三段階に区分された正規の指定開発行為（条例に反して事業に着手する等の場合は罰則の対象となる）と，規模未満ではあるが一定の要件を満たし指定開発行為に準じた手続が適用さ

市条例の抜粋（3）

（指定開発行為等に該当しない事業に対する指導）
第72条　市長は，別表に掲げる事業の種類に該当する2以上の事業が，個別には指定開発行為又は法対象事業のいずれにも該当しないと認められるものの，当該事業を実施する区域及び実施時期が近接していること等，それらの事業の実施による複合的な環境影響が総体として指定開発行為と同等以上のものになるおそれがあるものとして規則で定める条件に該当する事業（以下「複合開発事業」という。）を行う事業者に対し，第3種行為に係る手続に準じて，環境影響評価等を行うよう指導することができる。

（勧告及び事実の公表）
第73条　市長は，前条の規定による指導に従わない事業者に対し，その理由等について意見を求めるものとする。
2　市長は，前項の事業者の意見がなかったとき，又はその意見に正当な理由がないと認めたときは，当該事業者に対し，前条の規定による指導に従うよう勧告することができる。
3　市長は，前項の規定による勧告を受けた事業者が当該勧告に従わないときは，規則で定めるところにより，その旨及び次に掲げる事項を公表することができる。
　(1)　事業者の氏名
　(2)　第1項の事業者の意見
　(3)　その他規則で定める事項

（自主的な環境影響評価等）
第74条　指定開発行為，法対象事業又は複合開発事業のいずれにも該当しない事業を実施しようとする者は，当該事業の実施に際し，あらかじめ，この条例に準じた環境影響評価等を行うことを市長に申し出ることができる。この場合において，市長は，情報の提供その他必要な協力を行うものとする。

れる複合開発事業，その他の自主アセスの対象事業と，事業の重大性に応じてメリハリをつけて段階的に設定したことになる。

8　その他の市条例の論点

右に述べた手続や手法は川崎市条例の主要な論点であり，また特色でもあるが，これ以外にも注目すべきポイントはいくつかある。例えば，市条例は，指定開発行為に関して届出の規定を置き，無届出で事業に着手した事業者や評価書の公告前に事業に着手した事業者に対して罰則を科すとしている。また，事業者が条例に違反し，所定の手続を行わない場合は期限を定め勧告すること，勧告に従わないときは公表する旨を規定している。

四　お わ り に

環境影響評価制度は，環境行政の中でも地域住民と具体的な接点を持つ政策手法の一つであり，これまでも地方自治体の個性ある多様な試みによって発展してきた実績がある。その点，環境影響評価法の制定は，スクリーニングをはじめ新たな手続や手法を導入するなど，我が国のアセス制度に大きな進展をもたらした。だが一方で，自治体行政にとっては，法対象となるような大規模事業への手続の関与が制約されるなど，課題が残ることも事実である。しかし，法の制定は，自治体制度にとっても新たな発展の契機であり，より積極的に受け止めるべきと考えたい。

2000年を迎え，地方分権がいよいよ現実のものとなる。自治体が住民とともに自らの手でまちづくりを進めるという地方自治の原点に立ち，地域の実情に応じて創意工夫に満ちた積極的な取組を積み重ねることにより，自治体の環境影響評価制度の理論と実務がさらに充実していくことを期待したい。

注

（1）　都道府県及び政令指定市において，環境影響評価法の制定後に制定又は改正された環境影響評価条例等は，1999年12月現在，52団体に及んでいる（環境庁調べ）。残された6団体はいずれも要綱による旧制度であるが，条例化を視野に入れて検討中という。

（2）　自治体における環境影響評価の制度化の方式は，条例と要綱によるものがあるが，本稿では両者のいずれも「自治体制度」と呼ぶことにする。

（3）　環境影響評価法における法律と条例との関係について，地方分権を進める自治体の立場から懸念を表明したものとして，例えば，12政令指定都市による環境庁に提出された「環境影響評価制度の法化に関する要望」（1997年2月）がある。ここでは，分権の動きを踏まえながら，法対象事業に関して従来の自治体制度を適用できるよう存続させることが要望されている。

（4）　環境影響評価法案について審議した第140回国会衆議院環境委員会において西川議員の質問に対する政府委員（田中健次環境庁企画調整局長）の答弁を参照。また，法60条と61条を解説したものとして，環境庁環境影響評価研究会著『逐条解説　環境影響評価法』（ぎょうせい・1999年）244頁以下参照。

（5）　環境影響評価法と自治体制度との関係に関して，例えば，大塚直「環境影響評価法と環境影響評価条例の関係について」西谷剛ほか（編）『政策実現と行政法』（成田頼明先生古希記念）（有斐閣・1998年），北村喜宣「環境影響評価条例と法対象事業——川崎市環境影響評価条例を例にして」判例タイムズ954号（1998年）79頁以下［本書5］，北村喜宣「自治体環境影響評価制度の最近の動向——法律との調整にさまざまな工夫をこらす」産業と環境27巻7号（1998年）28頁以下，倉阪秀史「環境影響評価制度における法と条例の関係について」判例タイムズ974号（1998年）57頁以下［本書4］等を参照。

（6）　自治体の環境影響評価制度としては，川崎市の環境影響評価に関する条例（1976年10月公布）を契機に，北海道，神奈川，東京等で条例化が進んだ。

（7）　環境影響評価が人間活動をコントロールする手段であり，成長管理の考え方と結びつくとする主張は，例えば原科幸彦「環境アセスメントと成長管理」都市問題86巻10号（1995年）51頁以下参照。また，政府は環境影響評価法の提案理由の一つに「持続可能な社会を構築するための重要な施策」と述べている。

（8）　「環境基本計画」は，地域の環境保全・創造のための基本方針と総合的な施策体系を提示するものとして制定されている。1980年代に各地で制定が広がった「地域環境管理計画」は，これと構成や内容は同じであるが，環境基本条例の下では環境基本計画という名称となっている。

（9）　環境影響評価制度の意義について，浅野直人教授は「環境管理システムのサブシステムとしての環境影響評価」の視点から環境影響評価の意義を論

6 自治体の環境影響評価制度づくりの論点

じている。「環境影響評価と環境管理」『新しい環境アセスメント法』,㈳商事法務研究会1998年。
(10) 実際,環境影響評価法の制定に先駆け,環境基本条例の制定を受けて自ら新たに環境影響評価条例の制定や条例改定に踏み切った自治体として,埼玉県(1994年12月公布),岐阜県(1995年3月公布),神奈川県(1997年7月改正)等がある。
(11) 自治体の環境管理計画又は環境基本計画について,北村喜宣助教授は「自治体環境行政の目的は,現在及び将来世代の市民の良好な環境を享受する利益(いわゆる環境権)を実現することである。それにあたって,実現されるべき状態を実現したのが,自治体環境管理計画といえる」と述べている。「自治体環境影響評価条例の目的の再認識」産業と環境26巻6号(1997年)49頁参照。
(12) 現行の国の制度では,環境基本計画には,共通的基盤的施策の一つとして環境影響評価が位置づけられている。しかし,環境影響評価法では環境基本計画との連携は意識されていない。環境基本計画(1994年12月告示)の中では「第1部『施策の展開』」のうち,「第4章『環境保全に係る共通的基盤的施策の推進』第1節『環境影響評価等』」において,環境に著しい影響を及ぼすおそれがある事業の実施にあたり環境影響評価の推進に努めること等が記述され,環境施策の重要な手段として認識されているが,環境基本計画の目標と環境影響評価の枠組みについて,具体的な整理は行われていない。
(13) 川崎市の環境影響評価条例(1976年公布)は,環境影響評価制度として全国に先駆けて制定された。条例の構造として,地域環境管理計画が環境影響評価の前提であることが組み込まれており,本稿の趣旨に沿ったものであるが,残念ながら,こうした仕組みはその後の各地の条例や要綱の制定,法の制度化に際して大きな論点とならなかった。
(14) 地域の環境基本計画(環境管理計画)と環境影響評価制度を関連づけていく考え方について,1997年5月21日参議院環境特別委員会の質疑(環境庁企画調整局長答弁等)でも議論されている。なお,この点は環境法実務研究会(1998年11月)での小幡雅男氏の資料と指摘を参考にしている。
(15) 戦略的環境影響評価制度に関して,環境庁は1998年7月から学識者で構成する総合研究会を設置し,外国事例の収集等の作業を開始している。戦略的環境影響評価は,これまでのアセス制度が主として開発事業(プロジェクト)の事業計画段階で行っているのに対して,政策(ポリシー)や上位計画(プラン,プログラム)を対象に環境影響評価を行い,意思形成に反映するものである。
(16) 環境影響評価制度の枠組みとタイプに関して,北村喜宣『自治体環境行政法』(良書普及会・1997年)136頁以下,浅野直人『環境影響評価の制度と法』(信山社・1998年)94頁以下を参照。

(17) 同じ政策手段であっても，国と自治体ではその役割や機能等が異なる。例えば，国の環境基本計画と自治体のそれを比べると，自治体の環境基本計画では，住民参加による計画の進行管理や実施主体としての住民の参加による施策の推進（いわゆるパートナーシップ型事業など）に大きな比重が置かれるなど，その性格や実施手段に特色がみられる。

(18) 自治体のアセス制度の目的は環境影響評価法のそれとは異なるという主張は，北村喜宣「自治体環境影響評価条例の目的の再認識」産業と環境26巻8号（1997年）48頁以下で論じられている。北村助教授は，自治体のアセス制度の目的は，対象事業が環境管理計画に適合しているかどうか個別に判断するプロセスであり，それを目的とすべきであると指摘する。その上で，自治体制度は法では持ちえない自治体固有の目的と意義があり，これを示すために条例第1条に明確に表現されるべきこと，また法対象事業についても，この趣旨から別途条例で法的義務を課すことは可能と主張している。

(19) 環境影響評価制度の諸機能に関しての議論は，北村・注（16）書147頁以下，浅野・注（16）書30頁以下を参考に整理した。

(20) 川崎市条例では，公聴会の開催を住民の申し出によって開催できるし，その運営方法は事業者と住民との間で質疑応答を含む相互公述方式を取り入れている。

(21) 環境影響評価法における住民参加の位置づけに関する環境庁担当者の解説として，例えば鎌形浩史「環境影響評価法について」ジュリスト1115号（1997年）36頁以下等を参照。また，寺田達志『わかりやすい環境アセスメント』（学校法人東京環境工科学園出版部・1999年）30頁以下参照。

(22) アセス制度における住民参加が，単に情報提供形成の参加のみならず，公益実現参加や決定参加への方向に広がるべきという主張として，例えば大塚直「わが国における環境影響評価の制度設計について」ジュリスト1083号（1996年）38頁以下，大久保規子「環境アセスメントにおける参加の現状と課題」環境と公害27巻1号（1997年）33頁以下等。

(23) 川崎市条例では，事業者が住民意見書に加え，公聴会等で住民意見を直接聴き，その実態を踏まえ計画内容の変更の行うケースがある。また環境影響評価審議会は，公聴会での住民意見を考慮して答申書の中で計画の修正を求める場合もみられる。

(24) 環境影響評価法の施行に関して，環境庁から通達（都道府県知事・政令市長あて環境庁企画調整局長通知，平成10年1月23日付け環企評第20号）があり，そこでは法60条の解釈として「（法の）対象事業等について，条例によって，法律の規定に反しない限りにおいて地方公共団体における手続を規定するができ，法律で定められた手続を変更し，又は手続の進行を妨げるような形で事業者に義務を課すことはできないことを意味するものである」としている。前注（4）を参照。

6 自治体の環境影響評価制度づくりの論点

(25) 実際，兵庫県のアセス条例の対象事業の設定では，こうした発想に立って，特別地域対象事業と一般地域対象事業に区分し，前者の規模要件は開発面積で50ha以上とし，後者の規模要件は開発面積で100ha以上とする等の方法を採用している。

　神奈川県条例では，県内を甲地域（国立公園や国定公園の特別地域，歴史的風土保存区域のうち特別保存地区等），乙地域（甲地域を除く国立公園，国定公園等の区域），その他の地域（甲及び乙地域以外の地域）に3区分し，面開発事業の場合，甲地域は1ha以上，乙地域は3ha以上，その他の地域は20ha以上と対象事業の規模要件を定めている。

(26) 多くの場合，環境影響評価に係わる調査費用だけで数千万円から数億円を要するといわれている。これに，アセス手続を行うことで事業計画の変更や環境保全対策の上乗せ・強化等が実施されることになり，相当な事業費用の増加が生じると思われる。

(27) 宮城県のアセス条例も，同様に事業規模に応じて一種事業と二種事業に分類し，二種事業には住民参加手続を含まない簡易手続が適用される仕組みを取り入れている。

(28) 川崎市では，環境行政制度の体系的な見直しを行うため，1999年7月の川崎市環境行政制度検討委員会（座長原田尚彦東京大学名誉教授）の答申に基づき，環境影響評価条例に加え，公害防止条例，自然環境保全条例の全面改正を行った。

(29) 条例改正の基本的考え方については，川崎市環境行政制度検討委員会答申を参照。

(30) 「環境調査」は，環境基本条例12条に基づき，環境に係る市の主要な施策事業の立案段階で環境に係る配慮が十分なされている等を調査するもので，その具体的な手続は環境調査指針（1994年10月施行）に定められている。

(31) 複合開発事業における「公表」の規定は，指定開発行為の「罰則」の措置に比べて緩いようだが，他の自治体条例では最大の制裁的な措置として「公表」に止めている。

7 産業廃棄物最終処分場立地をめぐる事前手続

[北村　喜宣]

> **要　旨**
>
> 　1997年の廃棄物処理法改正は、それまで自治体が制定・運用してきた産業廃棄物指導要綱の一部を吸収した。しかし、要綱には、立地の妥当性を検討したり、合意形成をする機能があり、それらは、法改正によっては、完全に制度化されていない。地方分権によって自治事務とされた産業廃棄物処理計画を、科学的調査にもとづき民主的プロセスを経て策定し、そこに、立地不適地を表示するなどして、計画と事前手続を合体したシステムを整備することが必要である。さらに、法定受託事務とされた許可処分の審査基準として、個別立地計画の処理計画適合性を入れるように条例制定をする。県民全体で、より早期から産業廃棄物問題を考えることができるようなシステムに、事前手続を進化させることが望ましい。

一　はじめに

　近年、産業廃棄物最終処分場の立地が困難を極めており、各地で紛争が深刻化している[1]。その原因は、複雑で根深いが、これまでの産業廃棄物行政の根拠となっている「廃棄物の処理及び清掃に関する法律」（以下「廃棄物処理法」という。）の制度と運用が大きく関係していたことについては、立場の違いを問わず、一致した理解があるといってよいだろう[2]。そうした折から、1997年6月10日、同法は、「廃棄物の処理及

び清掃に関する法律の一部を改正する法律」により改正された[3]。改正法は，近年，拡大・深刻化している産業廃棄物最終処分場立地に関して，ひとつの対応策を提示している。従来，法律レベルでは，処理施設の許可に際して，特段の手続は明示的に規定されていなかったが，周辺の生活環境に及ぼす影響の調査が新たに規定されたのである（以下「生活環境影響調査」という。）。許可の審査プロセスのなかでは，一定の範囲の住民参加が保障されている。

　ところで，これまで，いくつかの自治体では，環境に影響を与える開発事業に関して，環境アセスメント条例や要綱を制定してきた。産業廃棄物処理施設をその対象に加えているものも少なくない。しかし，改正法が施行されると，法律にもとづいて環境影響調査が実施されることになるから，条例や要綱の制度との調整が問題になってくる。また，多くの自治体では，処分場の許可申請に先だって，要綱によって独自の手続を設け，そのなかで，紛争調整をしている。そうした一連の手続は，改正法の施行によってどのような影響を受けるのだろうか。実務的には，相互関係の整理が必要である。しかし，自治体現場では，これらの関係については，必ずしも十分な検討がされていない[4]。

　そこで，本章では，産業廃棄物最終処分場の新規・変更の許可に際して，1997年改正廃棄物処理法，自治体の事前手続指導制度，そして，環境影響評価条例がどのように適用されることになるのか，手続間の調整はどう考えるべきかという点について，沖縄県を除く九州各県における調査や関係者へのインタビューを踏まえて検討する[5]。

二　改正廃棄物処理法が規定する生活環境影響調査制度

1　改正の背景

　生活環境影響調査という制度が新たに設けられるに至った背景は，1997年改正法案策定作業の前提となった生活環境審議会廃棄物処理部会

二　改正廃棄物処理法が規定する生活環境影響調査制度

産業廃棄物専門委員会答申『今後の産業廃棄物対策の基本的方向について』(1996年9月)にみることができる。すなわち,「産業廃棄物処理施設の建設に当たっては,地域住民の理解が重要であるが,近年の環境意識の高まりに伴い,処理施設に対して住民が求める水準が高まってきている〔ところ,〕……多くの都道府県においては,現行の廃棄物処理法上生活環境について住民の意見を反映させる明確な規定がないことや不適正処理の横行,住民の不信感の高まり等を背景に,地域の生活環境の保全を図るため,同法による規制に加え,要綱等に基づき,住民同意の取得の義務づけや……施設の立地規制等の規制が行われている。」「このような要綱等に基づく行政指導については,行政運営の公正の確保や透明性の向上の観点から行政手続法が制定されたところでもあり,その趣旨を踏まえた適切な対応が求められている……。」。そこでは,住民をコミットさせる自治体の事前手続の意義はそれなりに認めつつも,行政指導のゆきすぎが懸念されていたのである。

　もっとも,旧法のもとでも,周辺住民が許可手続に関与することができる手がかりが,まったくなかったわけではない。すなわち,行政手続法10条は,申請者以外の者の利害を考慮すべきことが許可要件とされている場合には,必要に応じて,公聴会などを開催する努力義務を行政庁に課していた。旧廃棄物処理法15条がこれに該当するかどうかについては,解釈の余地があった[6]。ただ,厚生省は,「〔廃棄物処理〕法は申請者以外の利害を考慮すべきことを許可の要件としていないので,行政手続法第10条の適用はない。」としていたのである (「産業廃棄物処理業及び特別管理産業廃棄物処理業の許可に係る廃棄物の処理及び清掃に関する法律適用上の疑義について」衛産93号・1994年10月1日参照)[7]。機関委任事務実施の任にあった知事は,この解釈に拘束されざるをえなかった。しかも,廃棄物処理法15条にもとづく処理施設の許可の法的性質は,いわゆる警察許可と解するのが判例・実務であり[8],また,行政手続法7条の審査開始義務もあるため[9],適式・適法な許可申請がされてしまえば,「もうおしまい」的状況にあった。土地利用の適正さといった観点からのチェックはされないのである。処理施設の設置は,廃棄物の発生抑制や必要処分量の範囲内の立地といった視点とは直接関係なく,計画者が

自らのマーケット・リサーチにもとづいて自らのリスクで行なう自由競争の世界といってよい。国も，「市場原理に基づきまして民間事業者による整備を原則として行われている」ので行政が配置などについて介入するのは困難としている[10]。

しかし，そうした予定調和的なスタンスでは，処理施設立地に際しての紛争の防止や適正な土地利用は期待できない。そこで，自治体は，許可申請前の手続を，条例や要綱のなかで整備したのである[11]。それは，「諸事情を考慮した適正な立地の促進」という自治体の期待通りの効果をそれなりに発揮し，結果的に，処理施設建設にブレーキをかけたことは，疑いがない。そこで，そうした仕組みの必要性・合理性を踏まえつつ，一方では，処理施設の設置の促進を目指して，新たな手続が法律のなかで規定されることになったのである。

2　産業廃棄物処理施設設置手続の考え方

前記生活環境審議会専門委員会答申は，新たな設置手続について，「施設の設置手続の明確化・透明化」という節のなかで，以下のように述べている。「〔旧法においては，〕直接，住民等とのかかわり合いに係る規定は設けられていないことから，要綱等においてこれを補完する対応がなされているところである。施設の円滑な設置を進めていくためには，施設の設置に伴う地域の生活環境への影響に十分に配慮し，悪影響を及ぼさないものであることについて住民の十分な理解を得ていくことは重要であり，法律上，施設の設置の許可に至る手続の中に，住民等の理解を得ていくための仕組みを設けることが必要である。このため，施設を設置しようとする者は施設の立地に伴う生活環境への影響を調査し，その結果を都道府県が事業計画と併せて公告・縦覧に付すとともに，関係住民や市町村の意見を聴取する等の手続を法令で明確に定めるべきである。」「その際，専門家により審査する機関を設けるなどにより，事業の内容や生活環境への影響を客観的に審査できる仕組みを導入すべきである」。

二 改正廃棄物処理法が規定する生活環境影響調査制度

3 手続の改正についての立法者意思

このような認識は，法案審議の場においても，繰り返し表明されている。すなわち，「地域紛争が多発する背景の一つといたしまして，……現在の廃棄物処理法の設置手続の中に住民の意見を適切に反映する仕組みがないことがある」ことを考慮して，新たな手続を設けることとした。それによって，「住民の意見を施設の許可に適切に反映させることが可能になる」のである[12]。

また，注目されるのが，産業廃棄物処理行政に対する不信感に対処するために法律改正がされたという点である。すなわち，「今回の改正におきましては，このような総合的な対策を講ずることによりまして，産業廃棄物に対する国民の不安や不信感の解消に努める」とされている[13]。改正法が社会的に信頼される手続整備を目指したという認識は，政省令による制度の具体的内容の確定や行政庁における運用にあたっての指針とされるべきものである。信頼性確保という立法目的，あるいは，それが必要であるという立法事実は，改正法における比例原則の内実を構成し，それに照らして，施設設置計画者に対する負担などが評価されることになろう[14]。

4 最終処分場許可手続

改正法は，具体的に，以下のような手続を設けた（15条・15条の2）。政令で定める産業廃棄物処理施設を設置しようとする者は，申請に先だって，生活環境影響調査を実施し，その調査結果文書も添付して申請をする。知事は，申請書類や調査結果を告示し1ヶ月間縦覧に供したうえで，利害関係住民や関係市町村長から生活環境保全に関する意見を聴取し（住民からは縦覧期間満了日から2週間），さらに，専門知識を有する者の意見を踏まえて，許可の審査をするのである。調査事項としては，施設の稼動と廃棄物搬出入・保管に伴い生ずる大気汚染・水質汚濁・騒音・振動・悪臭があげれられている。技術上の基準を満たしていることに加えて，周辺地域の生活環境保全に適正な配慮がされていることが，

許可基準となっている。手続のフローについては，[図1]を参照されたい。

　この手続に関する評価は様々であるが[15]，ここでは，いくつかの特徴を指摘しておきたい。第一は，手続の主宰者が知事である点である。事前プロセスを規定する自治体手続のなかでは，知事は，一歩引いた存在であったが，法律では，主役とされて前面に押し出され，処理業者と住民・市町村長の意見を踏まえて判断をする立場になっている。第二は，廃棄物処理法の保護法益との関係から，調査対象が生活環境に限定されていることである。第三は，意見書提出権を有するのが利害関係者とされていること，第四は，意見書提出期間が2週間と短いことである。期間は，環境影響評価法のそれと同じであるが，自治体環境アセスメント制度のもとでは，45日間が多い。また，第五に，意見書が直接知事に提出されるためか，設置計画者には回答義務がないこと，第六に，設置計画者による説明会・公聴会規定がなく，文書でのやりとりが中心になることである。第七は，技術上の基準への適合性に加えて，生活環境への配慮の内容が個別的に審査されることである。少なくとも，形式的には，従来の一律的技術主義的対応が克服されている[16]。第八は，処分にあたって，専門家の判断をあおぐことを義務づけていることである。行政はそれなりの専門性をもって中立的な判断ができるというのが，これまでの考え方であったが，形式的にみれば，それから脱却したものであり，（免罪符的権威づけという見方も可能であるが，）行政法学的には，興味深い制度である。

三　最終処分場をめぐる自治体行政手続

　ところで，改正前の廃棄物処理法においては，答申が触れているような問題点があったため，自治体は，条例や要綱を制定し，主として行政指導を通じて，独自の調整に努めていた。また，環境影響評価条例・要綱を制定している自治体では，一定規模以上の最終処分場を対象に含め

三　最終処分場をめぐる自治体行政手続

図1　19997年改正廃棄物処理法にもとづく最終処分場等設置手続

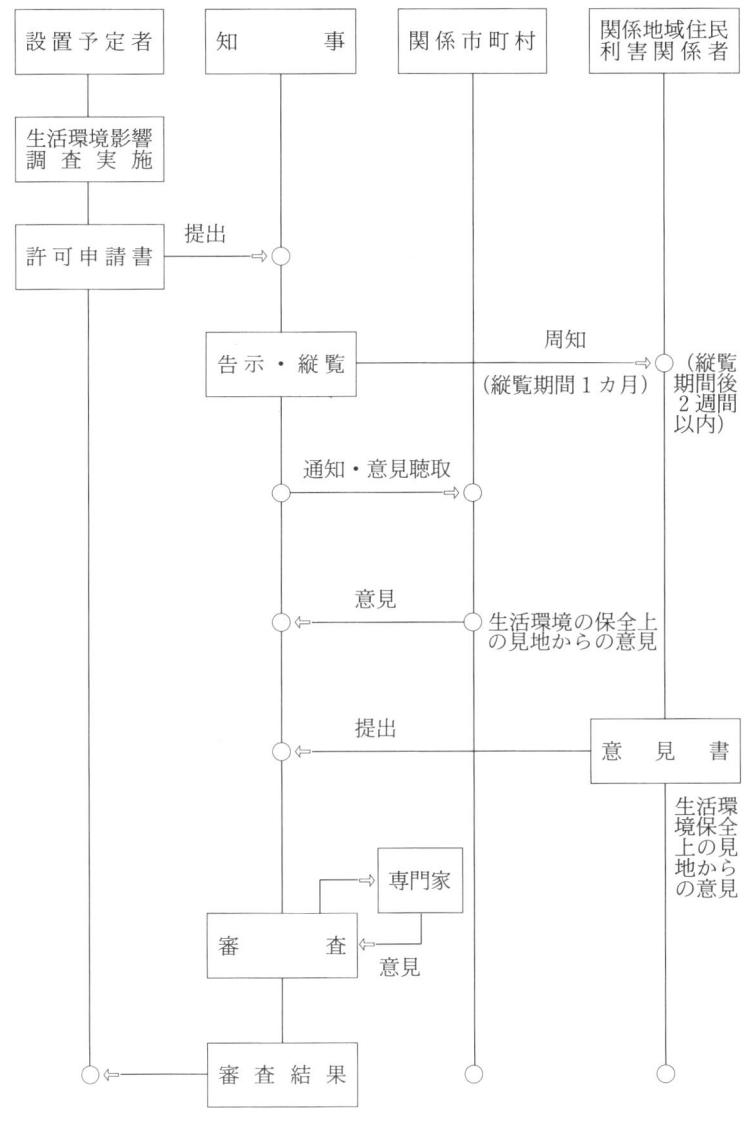

設置予定者	知事	関係市町村	関係地域住民 利害関係者

- 設置予定者：生活環境影響調査実施 → 許可申請書
- 許可申請書 → 提出 → 知事
- 知事：告示・縦覧 → 周知（縦覧期間1カ月）→ 関係市町村 →（縦覧期間後2週間以内）関係地域住民・利害関係者
- 知事：通知・意見聴取 → 関係市町村
- 関係市町村：意見（生活環境の保全上の見地からの意見）→ 知事
- 関係地域住民・利害関係者：意見書（生活環境保全上の見地からの意見）→ 提出 → 知事
- 知事：審査 ← 専門家（意見）
- 知事：審査結果 → 設置予定者

7　産業廃棄物最終処分場立地をめぐる事前手続

表1　九州7県の事前手続制度

> 福岡県産業廃棄物処理施設の設置に係る紛争の防止及び調整に関する条例
> 長崎県産業廃棄物適正処理指導要綱
> 佐賀県産業廃棄物最終処分場の設置等に係る事前指導に関する事務取扱要領
> 熊本県産業廃棄物指導要領　（①）
> 熊本県産業廃棄物処理施設等の設置に係る紛争の予防及び調整に関する要綱　（②）
> 大分県産業廃棄物処理施設設置等指導要綱
> 宮崎県産業廃棄物適正指導要綱
> 鹿児島県産業廃棄物の処理に関する指導要綱

て，環境保全の観点からの手続を設けていた。手続を考える際には，主としてこの二つが問題になる。

詳細は自治体ごとに異なるが，ほとんどの場合，廃棄物処理法15条にもとづく設置許可申請の前に，施設設置計画者に対して，所定の手続の履践が求められている。制度形式としては，条例と要綱・要領があるが，後者が多数である。以下では，［表1］にあげた条例・要綱等（調査時に制定されていたもの）を素材にして，整理する[17]。

1　手続開始時期

開始時期に関しては，明示しているものとそうでないものがあるが，明示していなくても（福岡県条例，長崎県要綱），運用上，許可申請前にとりかかるように行政指導されている。

2　設置計画書と環境調査書

呼称は一様ではないが，施設設置計画を文書（以下，とりあえず，「設置計画書」という。）で行政に伝えることは，どの制度においても求められている。改正法以前において，許可の対象外とされていたいわゆる「ミニ処分場」（3,000㎡未満の安定型処分場と1,000㎡未満の管理型処分場）も含めているのが，通例である。

設置計画書には，施設の概要を記載するほか，施設が環境に与える影響を調査し，防止措置を記載した文書の添付が求められていることが多い。調査の手続や内容については，規則に委任する規定もなく，申請者に委ねられているようである。調査項目は，「生活環境」とだけ規定し

ているもののほか，大気汚染・水質汚濁・土壌汚染・騒音・振動・悪臭のいくつかを列挙したり，文化財や景観への影響も実質的に調査対象に含めているものもある。

3　公告・縦覧
提出された設置計画書は，関係市町村長に送付されるほか，所定の期間，公衆の縦覧に供される。

4　説　明　会
設置計画者は，説明会の開催を求められる。それに先だって，個別ケースごとに関係地域が指定されることが多い。指定基準は，明示的でないこともあるが，たとえば，「処理施設の設置等に伴い生活環境に著しい影響が生じるおそれがあると認められる地域」（鹿児島県要綱）のように範囲が明確でない表現のものや，「設置について住民の理解と信頼を得て円滑にこれを行うため，生活環境の保全上その設置計画について周知を図る必要があると認められる地域（おおむね当該許可対象施設の敷地境界から500m以内の範囲の地域とする。）」（大分県要綱），「設置場所の境界からおおむね1km以内」（熊本県要綱②）というものがある。

5　意見書と見解書
設置計画書の縦覧や説明会の開催を受けて，何らかの形で意見書を提出することができる旨の規定は，多くにみられる。ただ，「何人も」というわけではなく，関係地域の住民という限定があることの方が多い（福岡県条例は，例外的である。）。

出された意見書の扱いは，多様である。知事が設置計画の審査をするにあたっての判断材料にとどめる手続もあるし（大分県要綱），設置計画者に送付して知事への見解書提出を求める手続もある（福岡県条例，熊本県要綱②）。後者にあっては，見解書を周知させるための説明会が開催されることもありうるようになっている。

意見の内容については，「生活環境保全上」（鹿児島県要綱，熊本県要綱②，大分県要綱）や「環境保全上」（福岡県条例）という制限のあるも

のと，特段の制限を置いていないものとがある（佐賀県要領，長崎県要綱，宮崎県要綱）。

6 市町村長の意見聴取

立地予定地を所管する市町村長に対する意見照会は，すべてにおいて，規定されている。

7 第三者的機関

知事の附属機関という位置づけであろうが，知事の意思形成に際して，専門的立場から議論する組織を設けている例がある（福岡県条例，大分県要綱，長崎県要綱）。とりわけ，大分県要綱は，「許可対象施設等の設置について専門的，科学的な見地等から調査審議するため，大分県産業廃棄物審査会……を設置する。」と規定している点で特徴的である。

8 同 意 書

設置計画者側と反対住民側のいずれからも問題とされることが多い同意書であるが[18]，その取得を明示的に規定するのは，宮崎県要綱（具体的には，「産業廃棄物関係施設の立地に関する基準」）と佐賀県要領である。なお，明示的規定はないけれども，運用上，同意書取得が求められていることもあるようである[19]。同意を求める者の範囲は，一様ではない。

9 手続の終了

事前手続終了通知書を交付することにより，手続に区切りをつけるようにしていることがほとんどであるが，これは，「喧嘩別れ」状態では出されないようである。したがって，知事が望ましいと考えるようになっていなければ，15条許可手続には移行させない（すなわち，申請を受け取らない）方針のようである。もちろん，こうした運用は，行政指導であるからこそ可能なのであって，瑕疵なき申請がされれば，行政手続法7条にもとづき，審査開始義務が生ずることはいうまでもない。

以上の内容と改正法の手続を形式的に比較すると，次のように整理できる。すなわち，施設概要・環境調査の公告・縦覧，市町村長の意見聴取，利害関係者の意見書提出，第三者的機関たる専門家の意見聴取は，改正法に取り込まれている。一方，説明会開催，見解書提出，同意書取得といった内容は，含まれていない。

四　1997年改正法の影響：事前手続制度のあり方

1　国の認識

　改正法による新たな許可審査手続が，自治体の事前手続制度を参考にして設計されたことは，疑いがない。法案作成過程において，厚生省は，条例や要綱を制定している自治体から資料を取り寄せて分析をしている。それに加えて，「地方公共団体の担当者の方々の御意見も十分お伺いをした上で今回のような手続を定めた」のである[20]。その意味では，法律の手続は，少なくとも形式的には，これまでの自治体制度が工夫していた部分が取り込まれた内容になっているということができる。これは，先にみた九州各県の条例・要綱の内容からも，明らかである。

　また，自治体による個別的対応であるために，手続がバラバラな面があったが，それは，「廃棄物が広域的に処理をされているという実態を踏まえれば，今後は，基本的には，今回の改正に基づきまして，全国統一的なルールによって実施されることが望ましい」とされている[21]。

　そうなると，既存の自治体手続のゆくえが気になるが，それについては，「従来の住民同意が目指しておりましたようなことについては，改正法の仕組みで十分対処できる」という認識である[22]。これは，改正法の手続は，自治体にとっても「必要かつ十分」なものであって，独自の仕組みが一切不要とまではいわないにしても，それを存続させる必要性は少ないという理解である。そこで，「改正法に抵触するものであれば，これはいわゆる直していただくという必要が生じる」場合もあ

る[23]。どのような手続が抵触するのかは必ずしも明らかではないが（同意取得のことだろうか。），「〔改正法の手続によることで〕住民の意見の反映は十分可能〔であるから〕……さらに申請前の手続を設けることにつきましては，許可申請が可能かどうかの審査を受けた上で改めて許可の審査を受けるということが必要になるといったような点がございまして，手続が重複して複雑になるということから適当ではない」とされる[24]。もっとも，これも，制度の目的によるのであって，「別の観点から定められているもの〔で〕……改正法に抵触するものでなければ，都道府県の状況に応じましてそのまま存続する」ことになるのである[25]。ただ，具体的に何がそれにあたるのかは，明らかにされていない。福岡県条例のような紛争調整型条例のことであろうか。

　たしかに，産業廃棄物は，広域移動をするけれども（もっとも，多くの県では，全体としてみれば，自区域内処理がされていることが多い。），そのことをもって，処理施設の立地手続が全国統一のルールに従わなければならないという結論には，必ずしもならないように思われる。自治体が，独自の事情を踏まえて，産業廃棄物行政に対する信頼性の確保の観点から，設置計画者に対して，追加的な負担を条例により法的に課したとしても，それが合理的な範囲にとどまるかぎりは，違法の問題は発生しないといえる。とはいえ，目的が異なれば自由に手続を設けられるという表現も，包括的にすぎよう。改正法の手続はそれなりの重みを持って存在するから，設置計画者の負担と手続の無用の重複の回避を考慮しつつ，それにうまく適合する形で，自治体独自の対応を考える必要がある。

2　自治体の認識

　法案審議過程において表明された国の見解，あるいは，可決・成立後の6月24日に開催された全国廃棄物担当主管課長会議における説明を踏まえ，自治体は，とにかくこれまでの手続を再検討しなければならないという意識は持っている。ところが，処理施設立地にかぎっていえば，手続を完全に廃止することを考えているところはない。それは，なぜな

四　1997年改正法の影響：事前手続制度のあり方

のだろうか。インタビューの結果を総合すると，以下のように整理できる。

　第一に，住民のコミットメントを認める法律の手続は，許可申請の後に行なわれるのであって，それでは，時期的に遅い。これまで早期の段階で設置計画者に情報開示をさせて住民の理解を深めて地元での合意形成を促進してきたのに，それができなくなるのは，明らかに後退であり，住民や議会は容認しないし，産業廃棄物行政に対する不信感が，一層増大する。また，焼却施設と最終処分場以外の処理施設設置にあたっては，引き続き事前手続が適用されるから，改正法手続対象施設との関係で，「逆転現象」が生じてしまう。

　第二の理由は，第一とも関係する。事前手続のエッセンスは，当該施設の必要性を地元に納得してもらうことにあるから，それが，いきなり許可申請ということになると，いくら審査プロセスで住民意見が聴取されようとも，住民は反発する。施設が生活環境保全上問題ないことの以前に，「なぜわが町なのか？」という疑問に答える必要がある[26]。こうした機能は，事前手続制度に必ずしもあるとはいえないが，少なくとも，個別の申請を個別に審査する改正法手続には，存在しない。

　第三に，事前手続では，住民の不安にこたえて，生活環境以外にも，自然環境や歴史的環境からもチェックをしているが，廃棄物処理法の枠組みによるかぎりは，そうした事項が審査対象にならない[27]。別途，条例を制定して生活環境以外の法益を保護すればよいともいえるが，（市町村条例ならともかく，）同じ知事が廃棄物処理法では許可して条例では不許可にするというのは，実際には，やりにくい。

　第四に，申請後手続のみの場合，申請者はそれなりのコストをかけて調査をしてきているのであるし，土地も取得していることが多いだろう（権原取得まではいかなくても，手付くらいは打ってあるだろう。）から，その時点になって，大幅な内容の修正，ましてや撤退などするはずがない。

　第五に，事前手続では，「住民 vs. 設置計画者」という構図を設け，県が行司役になって地元調整をさせることによってそれなりの責任を果たすことができたが，改正法だと，それはなくなり，行政が，いきなり両者の間に立つことになる。住民や市町村長の意見を反映できる仕組み

になっているというが，同意が得られてまるくおさまった形で許可申請がされないと責任の所在がより明確かつ重くなり，県としては，辛いものがある。

以上のような問題点は，改正法案準備過程において，公式・非公式に自治体側から提示されていたはずである。国は，「自治体関係者の意見を十分にきいて法案を作成した。」というのだが，なぜそのようにいえるのか，現場の意見を踏まえるかぎりは，整合的に理解できないところである。

3　事前手続の意義

ところで，現在ある自治体事前手続は，要綱という制度形式で規定されていることが，ほとんどである。したがって，そのなかで設置計画者に手続の履践を求めるのは，あくまで行政指導によることになる。法的義務づけがされるわけではないから，改正法が施行されたあとにそれをそのまま残したからといって，相手方が任意で応じてくれているかぎりは，法律との積極的抵触関係は発生しない。

しかし，手続の目的が同じであるとすれば，それを許可申請の事前・事後ともに要求するのは，それが違法とはいえないまでも，合理性を欠くだろう。法律で手続が整備されたではないかと主張する設置計画者を説得できないのではなかろうか。何らかの工夫をしなければ，当該行政指導の正当性は，訴訟の場でも，評価されないように思われる。また，実効性の観点からすると，要綱ではなくて，条例という法形式で手続を確定する方が望ましい。そのためにも，理論的な整理が必要である。

事前手続の継続を希望する理由として整理したもののうち，第五番目は，心情的には理解できるが，手続見直しにあたって，正面から考慮することは難しい。しかし，第一〜第四番目の理由には，それなりの説得力があるように思われる。それを基本に据えるとしても，改正法に含まれている内容を重複的に事前に設けることは可能だろうか，含まれていない内容はどうだろうか。以下では，改正法が事前手続の機能を「必要かつ十分」な程度にまでは吸収していないという立場に立って，存続の

可能性について検討する。

4 事前手続の可能性

1 なお存続する機能

形式的にみれば吸収されていないように思われる機能で存続することが合理的と思われるのは，（相互重複的部分もあるが，）①情報の早期開示，②生活環境以外に関する環境配慮，③住民と設置計画者の信頼関係の構築，④施設の立地場所の妥当性に関する議論である。

2 試論的検討

（1） 情報開示・環境配慮・立地の妥当性　①②④については，次のような措置が考えられよう。許可申請の際に添付する生活環境影響調査書の作成作業は，現実には，申請のかなり前から行なわれるはずである。作業開始時には，施設の計画の熟度も，それなりに固まっているだろう。しかし，このプロセスをオープンな形ですることは，改正法のもとでは，想定されていない。ところが，実際には，調査をしていることは一般に知られるであろうから，このままだと，地元住民の不信感をあおるばかりである。そこで，環境影響評価法が採用したスコーピング制度（5条）を参考にして，十分な情報開示を伴う事前手続を設ければよい。設置計画者に調査計画案の知事への提出を求め，告知・縦覧後に説明会を開催させるとともに，環境配慮基準に沿った形での調査を求めることになる。それにあたっては，調査に関する技術指針を，あらかじめ決めておけばよい。廃棄物処理法の体系のもとでは考慮の対象外である項目も，調査対象に入れるようにするのである。「大は小をかねる。」である。

環境影響評価条例の対象となる規模の施設の場合には，上記手続のあとにアセスメント手続をすることになるのだろうが，前手続においてその内容を実質的にしているとすれば，準備書自体は流用することができる。設置計画者にとっては無意味な負担であり，重ねて調査をする必要はない[28]。なお，環境影響評価法と廃棄物処理法との関係について，国は，前者のもとで作成された評価書は，後者にもとづく許可申請の際

7 産業廃棄物最終処分場立地をめぐる事前手続

に活用できると整理している[29]。そう考えれば，技術指針は，条例アセスメントのそれを用いることができよう。処理施設のうちアセスメント条例の対象となるものについては，事前手続条例のなかで，手続上の調整規定が置かれることになろう。市民参加手続も含めて，実質的に前倒しにする方がよい。スコーピングを含めて，自治体アセスメント制度の改善が望まれる。

　立地の妥当性に関する議論は，適切な根拠にもとづいたうえで，事前手続においてなされる必要がある。アセスメントの場合には，それが理論的には必ずしも明確ではなかったが，本来は，市民参加を経たうえで策定される環境管理計画や土地利用計画に照らして判断されるべきものである[30]。そこに自然環境の容量や将来の保全の方針が明示されていれば，場所や規模などの立地の具体的内容を議論することができる。実際には，事前手続過程での交渉で合意が探られるだろうが，形式的には，知事の審査書のなかで，計画に対する評価がされることになる。

　ただ，アセスメント条例対象規模未満の施設については，改正法の手続だけになるという問題がある。これは，自治体の判断になるが，ひとつには，なるべくスソ切りの値を小さくすることで対応するというやり方がある。改正法がいわゆるミニ処分場にまで許可制の網をかぶせたことに鑑みれば，アセスメント条例の特別法的に実施される事前手続においては規模要件を設けないという整理も可能である。しかし，改正法の対応は，人格権のコアの部分により近い生活環境という保護法益ゆえの措置であり，自然環境などにも関係するアセスメント条例のもとでは，一定規模以上のもののみにすることが比例原則にかなうという考え方もあろう。

　立地という点では，現在でも，水道水源保全条例が制定されている[31]。その内容は一様ではないが，規制的な条例では，一定地域がゾーニングされ，そこへの最終処分場立地が禁止されることになる。改正法以前は，とりわけ全国画一的な構造基準と行政監督措置の万能性を前提とする法システムに問題があったことが一因となって各地で水源汚染問題が発生し[32]，それへの自衛的対応として，こうした条例が制定されたのである。基準が強化されたために，結果的に，過剰規制の状態

になっているという見方もできよう。しかし，完全な技術はないし，また，監督措置が迅速に発動されないことには変わりはないから，フェイル・セーフの観点からは，水源保護条例の対応は，なお正当化できよう。ただ，ゾーニングの範囲を見直す必要は，あるかもしれない。

ところで，要綱のもとでの立地基準のなかでは，たとえば，自然公園法の自然公園区域や「鳥獣保護及狩猟ニ関スル法律」の鳥獣保護区を含まないことを掲げるものがある。そうした地区内での最終処分場設置は，土地の形状変更や木竹伐採などを伴うために，個別法律に基づく許可制になっていることが多い。したがって，許可基準次第では，申請があっても不許可にできる。しかし，必ずしもそうはならないからこそ，行政指導のレベルで立地回避を図っているのであろう。

（2）**妥当性・信頼関係**　(a)　対話の必要性　③を実現するためには，住民と設置計画者との間に「対話」の機会を設けることが必要である。改正法の手続では，双方向のコミュニケーションは，想定されていない。また，施設の必要性は，許可の審査過程ではチェックされないだろう。これは，自治体行政が積極的にコミットすべき事項である。信頼性の確保が重要な価値と考えられているのが今回の改正であるから，こうした点について所定の手続を設けることは，法律に抵触せず可能というべきである。手続の受け皿は，前述のプロセスになる。

従来，許可の審査の過程では，ある場所への立地が前提となっており，施設の安全性はチェックされるものの，必要性のチェックはされなかった。この点は，改正法の手続でも変わらないだろう。しかし，それが重要であるとするならば，事前手続においてそれを議論して，必要と認められたものについてのみ，審査プロセスにおいて，その生活環境保全性や安全性をチェックするという整理が妥当である。

(b)　立地の妥当性判断　1999年7月に成立した「地方分権の推進を図るための関係法律の整備等に関する法律」（以下「地方分権一括法」という。）とそれに伴う廃棄物処理法改正によって，廃棄物処理法11条にもとづく産業廃棄物処理計画の策定は，機関委任事務から自治事務に振り分けられた。これまでは，機関委任事務であったから，盛り込む内容について，自治体にはそれほどの自由があったわけではない。しかし，

7 産業廃棄物最終処分場立地をめぐる事前手続

　これからは，法律の趣旨目的に反することはできないにせよ，たとえば，立地の妥当性について，科学的調査と参加を踏まえて，不適地を地図上に表示することが考えられる(33)。ほかにも，発生抑制・リサイクル・減量化を見込んで，自県処分率を目標として表示することもありえよう。

　これまで，産業廃棄物処理計画の策定は，必ずしも十分な参加を経てされていたわけではない。しかし，それが，産業廃棄物処理行政の基本となるものである以上，必要な情報提供をもとにして，事業者・市民・市町村長の参加を踏まえて策定されるべきである。処分場をめぐる紛争の原因は，複雑である。「リサイクルを進めれば処分場は不要である。」「水源が汚染される。」「自然が破壊される。」「業者が信用できない。」といった，レベルの異なる問題が個別処分場の許可申請の時点に集中して提起され，混迷を極めていた。住民投票になる場合もある。ところが，それは，本来，全県的に考えるべき問題を局部的問題に矮小化しているにすぎないのである。産業廃棄物の適正処理が，全県的に考えるべき問題であるならば，少なくとも，問題のいくつかは，より早期の段階で合意を得ておく必要がある(34)。

　不適地のゾーニングは，科学的根拠や関係者の参加にもとづくとはいえ，究極的には，きわめて政治性の高い利害調整プロセスになる。そうしたことから，知事に調整能力があるかどうかを疑問視する向きもある。処理施設設置計画者に事前調整を委ねてきたこれまでの運用に鑑みれば，このような懸念には，なるほど理由がある。しかし，より以上の負担を自らに課してまでそれをするという選択をする自治体があるならば，それを止める理由はない。産業廃棄物処理計画の策定は，これまでの事前手続が想定していた個別の設置計画に対応するためのものではない。むしろ，その前提として，存在するものである。廃棄物処理法15条にもとづく許可申請の審査にあたっては，産業廃棄物処理計画への適合性が，審査基準とされることになる。同事務は，地方分権一括法とそれによる廃棄物処理法改正によって，法定受託事務とされた。そこで，それを可能にするためには，条例を制定することが必要である(35)。また，同計画は，事前手続過程において，立地の適否を議論するためのガイドラインとしても機能するだろう。

四 1997年改正法の影響：事前手続制度のあり方

（c）同意制の扱い　　従来からの運用実務である同意制を継続したいと考えている自治体は多いだろう。しかし，これを正面から制度化するのは，違法・違憲の疑いがある。なるほど，都市計画法は，特定街区に関する都市計画決定にあたって，「政令で定める利害関係を有する者の同意を得なければならない」としているので（17条3項，施行令11条），実定法上，例がないわけではない。ただ，これは，私人が私人の同意を得るのではなく，行政が規制により相当に強力な権利制約を直接に受ける（しかも，その制限に違反するとサンクションを受ける）者を相手にしている点で，最終処分場をめぐる状況とは異なっている[36]。

（3）**事前手続の意義と適法性**　　事前手続においては，まず，立地の妥当性についての議論がされ，それから，所定のアセスメントが実施されることになる。廃棄物処理法15条申請がされるのは，そのあとということになる。事前手続の過程でなされる計画者の環境保全対策は，申請内容に直接反映されるから，同一の行政庁のもとで行なわれる審査において，間接的に影響を与えることになるだろう。

改正法の手続は，設置計画者の負担を，従来と比べると，確実に増加させることになる。しかし，それは，受忍すべきというのが，立法者意思であった。それに加えて，事前手続を設けて，さらに負担を加重することは許されるであろうか。

産業廃棄物行政に対する不信感を払拭することが，改正法の大きな目的であった。しかし，本章の分析からも明らかなように，改正法は，その目的を必要かつ十分に達成する手続を整備しなかった。その事実は，不足分を補完する機能を有する都道府県条例の可能性を認めていると解すべきである。法目的の存在のみによって事前手続条例を否定するのであれば，それは，いわば「法目的専占論」であって，法律専占論よりもはるかに後退した議論である[37]。

五　許可審査における行政庁の手続裁量

　以上の手続を経てはじめて，改正法にもとづく許可申請ということになる。審査プロセスにおいては，具体的にどのような手続を整備するかについて，行政庁に一定の裁量が存在する。国も，「都道府県知事は，告示縦覧をする義務が〔があるが〕……その方法につきましては，各都道府県のいろいろなやり方で周知する方法はあろう」としている[38]。

　専門家の意見聴取手続も，その具体的内容は，都道府県に任されるようである。それに際して注意すべきは，「専門的決定」をする専門家とそのプロセスの重要性である。許可審査手続に専門家を入れた目的は，行政の専門的能力の補完と行政庁の許可処分への正当性の付与にあるといえよう。とするならば，審査にあたるのがどのような専門家であるのか，知事による任命後でもよいから，その業績や識見に関する情報が公開される必要がある。また，提出された意見を専門家グループがどのように考慮したのかが公開されることも必要である。大分県要綱に例があるが，公聴会を開催することも可能である。恣意的な考慮がされるのではないかという疑念を積極的に払うことが制度の趣旨から求められているということができよう。また，条例アセスメント手続が先行すれば，審議会がコミットすることになる。そこで，アセスメントの審査をする人と許可審査過程における専門家とは，別にした方がよいだろう。

　これらは，手続に関する行政の裁量権の範囲内の事項であるという見方があるかもしれない。しかし，許可手続に信頼性を持たせることが改正法の立法者意図であるという理解を前提にすると，具体的手続の決め方を行政裁量に「まる投げ」することはできないというべきである[39]。

六　おわりに

　改正法や自治体の事前手続の整備によって，立地が順調に進まないようになっている[40]。それは，処分場不足につながり，結果として，処理料金の高騰を招くかもしれない。しかし，そうした事態は，最終的には，（不法投棄問題への対応は，別途考える必要があるが，）発生抑制につながる[41]。中間処理技術の向上によって，一層の減量化や有効利用が図られよう。ただ，いくら減量化をしても，最終処分を必要とする廃棄物は発生する。そうした大きな循環のなかで，最終処分場問題が認識される必要がある。

　最終処分場の立地は，これまでのように，単発の計画と個別の審査によって処理されるべきではない。立地不適地や需要予測などが規定された産業廃棄物処理計画が民主的プロセスを経て策定され，それに照らして検討される必要がある。廃棄物処理法にもとづく生活環境影響調査，そして，環境影響評価条例にもとづく環境アセスメントは，その計画との適合性を踏まえてなされなければならない。最終処分場の問題は，決して，「当たった地域」だけの問題ではない。どうしても処理が必要な産業廃棄物の適正処理のために，より早期段階でより広範な参加が可能になるようなシステムを構築することが，重要なのである。

（1）　実態を簡単に紹介するものとして，大橋光雄「広がる惨状『産廃列島』」法学セミナー511号（1997年）20頁以下，同「大パニックの到来は近い」世界628号（1996年）86頁以下，同「廃棄物処理施設をめぐる問題の争点と住民の立場」産業と環境24巻12号（1995年）22頁以下参照。
（2）　1997年改正法以前の廃棄物処理法に関する代表的研究として，阿部泰隆「廃棄物処理法の改正と残された課題（一）〜（六・完）」自治研究69巻6号3頁以下，同8号3頁以下，同9号3頁以下，同10号16頁以下，同11号24頁以下，70巻1号3頁以下，同2号3頁以下（1993〜94年）参照。
（3）　改正法に関するコメントとして，北村喜宣『産業廃棄物への法政策対応』（第一法規・1998年），阿部泰隆「改正廃棄物処理法の全体的評価」ジュ

リスト1120号（1997年）6頁以下，同「廃棄物行政の課題：1997年廃棄物処理法の改正が残した課題」環境法研究24号（1998年）3頁以下，礒野弥生「廃棄物行政と分権の論点」法律時報69巻10号（1997年）31頁以下，酒井浩江「いったいなにが改正されたか？：市民の立場から法改正を批判する」水情報17巻6号（1997年）4頁以下，村田哲夫「産業廃棄物処理をめぐる法制度の現状と課題」廃棄物学会誌9巻6号（1998年）424頁以下参照。厚生省関係者による解説として，廃棄物法制研究会（編著）『廃棄物処理法の改正』（日本環境衛生センター・1999年），厚生省水道環境部産業廃棄物対策室「廃棄物の処理及び清掃に関する法律の改正」法律のひろば50巻11号（1997年）24頁以下，竹林悟史「産業廃棄物問題と廃棄物処理法の改正」生活と環境42巻8号（1997年）39頁以下，仁井正夫「産業廃棄物問題とその解決への方策」公衆衛生研究46巻4号（1997年）310頁以下，依田泰「産業廃棄物問題解決に向けての総合的対策」時の法令1555号（1997年）6頁以下参照。警察関係者による解説として，山田好孝「廃棄物処理法の改正と今後の警察の対応について」警察学論集50巻7号（1997年）38頁以下参照。

（4） この点に触れる研究として，牛嶋仁「産業廃棄物行政と条例・要綱」いんだすと13巻7号（1998年）34頁以下，高橋滋「環境影響評価法の検討：行政法的見地から」ジュリスト1115号（1997年）43頁以下・45〜46頁，福士明「産業廃棄物処理施設設置に係る今後の自治体許可手続のあり方」いんだすと13巻7号（1998年）28頁以下，同「処分施設立地手続」ジュリスト1120号（1997年）53頁以下，松本和彦「産廃処理施設設置手続における法律と条例」国際公共政策研究〔大阪大学〕4巻1号（1999年）165頁以下参照。

（5） 産業廃棄物処理施設の立地は，環境影響評価法の対象となるが，これは，第一種事業で30ha以上，スクリーニング手続にかかる第二種事業で25〜30haの極めて規模の大きいものである（環境影響評価法施行令別表参照。）。ほとんどの最終処分場は，それ未満の規模であると思われるので，本稿では，同法の手続については，検討対象とはしない。なお，調査は，1997年後半〜98年前半にかけてなされた。

（6） 宇賀克也『行政手続法の解説〔第二次改訂版〕』（学陽書房・1996年）94〜95頁，塩野宏＝高木光『条解 行政手続法』（弘文堂・2000年）172〜76頁，高橋滋『行政手続法』（ぎょうせい・1996年）230〜31頁参照。

（7） 行政手続に関与する利害関係人の範囲は，取消訴訟の原告適格の範囲と重なるものではなく，理論的には，より広いといえるのであるが，厚生省の考え方は，産業廃棄物処理業および施設設置許可処分に対する取消訴訟の原告適格を否定した判例に依拠しているようにもみえる。前橋地判平2・1・18判夕742号75頁，宇都宮地判平4・12・16判自114号89頁参照。公聴会が開催可能と解すると，そうした手続の可能性を根拠に原告適格が認められかねないという懸念があったのだろうか。

なお，1997年法の前の大改正である1991年法のもとで提起された行政訴訟において，最近，周辺住民の原告適格を認める判決が相次いでいる。大分地判平10・4・27判タ997号184頁，横浜地判平11・11・24（判例集未登載）参照。そこでは，被告行政庁は，厚生省の解釈にのっとって原告適格を否定する抗弁をしているが，裁判所は，新潟空港訴訟最高裁判決（最二小判平元・2・17判時1306号5頁）や高速増殖炉もんじゅ訴訟最高裁判決（最三小判平4・9・22判時1437号29頁）などに依拠して，原告適格を肯定している。

（8）　代表的判決として，札幌地判平9・2・13行集48巻1＝2号97頁，札幌高判平9・10・7判例自治172号34頁参照。厚生省も，同意見である。この点につき，「平成8年12月12日付け茨城県知事の株式会社赤塚設備工業に対する産業廃棄物処理施設設置不許可処分に対する審査請求裁決書（厚生省生衛1135号）」（1997年12月22日）参照。これに対して，阿部・前註（3）論文9〜10頁，近藤哲雄「産業廃棄物処分場に係る法的問題：立地規制等に関する政策法務の視点から（下）」自治研究73巻12号（1997年）16頁以下は，疑問を呈する。

（9）　宇賀・前註（7）書85〜88頁，高橋・前註（7）書196〜202頁参照。

（10）　第140回国会参議院厚生委員会会議録11号（1997年4月17日）13頁［小野昭雄厚生省生活衛生局長答弁］参照。

（11）　小田幸一「産業廃棄物行政に思うこと」いんだすと5巻3号（1990年）21頁・22〜24頁も参照。全国的状況については，㈳全国産業廃棄物連合会「都道府県・政令市における指導要綱等の制定状況」いんだすと10巻11号（1995年）21頁以下参照。

（12）　第140回国会参議院厚生委員会会議録10号（1997年4月15日）2頁［小野昭雄厚生省生活衛生局長答弁］参照。

（13）　第140回国会衆議院厚生委員会会議録32号（1997年6月4日）2頁［小野昭雄厚生省生活衛生局長答弁］参照。

（14）　この点は，環境影響評価法と共通する面がある。北村喜宣『環境政策法務の実践』（ぎょうせい・1999年）199頁以下参照。旧法下であるが，産業廃棄物処理施設が生活環境・自然環境に大きな影響を与える可能性があることから，施設設置に関する情報を開示する公益性を認める判決として，津地判平9・6・19（判例集未登載）がある。同判決については，曽和俊文「産業廃棄物処理行政と情報公開」ジュリスト1120号（1997年）59頁以下参照。また，仙台高裁秋田支判平9・12・17（判例集未登載）も参照。

（15）　前註（3）で引用したもののほか，梶山正三「処分場建設を早めるための"改悪"だ：後始末行政からの転換なくして"改正"はない」リサイクル文化55号（1997年）42頁以下，熊本一規「廃棄物処理法改正とごみ紛争解決への展望」法律のひろば50巻6号（1997年）11頁以下・13頁，村田哲夫「住民紛争と産業廃棄物処理施設」いんだすと12巻4号（1997年）25頁以下，村

田正人「廃棄物処理法の改正について」いんだすと12巻6号（1997年）60頁以下，山下淳「産業廃棄物処理施設設置手続をめぐる法的問題」廃棄物学会誌9巻6号（1998年）444頁以下参照。
(16)　依田・前註（3）解説17頁も参照。
(17)　事前手続要綱については，牛嶋・前註（4）論文，市橋克哉「地方自治からみたゴミ問題：市町村の『権限なき行政』とその克服をめざす試み」法学セミナー511号（1997年）30頁以下，須藤陽子「産業廃棄物行政と条例・要綱」ジュリスト1120号（1997年）66頁以下参照。
(18)　同意書については，村田哲夫「産業廃棄物処理と地方公共団体の指導要綱」いんだすと10巻11号（1995年）3頁以下・5頁，阿部泰隆「廃棄物の広域移動と越境禁止指導：産業廃棄物の場合」いんだすと8巻7号（1993年）2頁以下・5頁，同「住民同意の行政指導」判例自治78号（1991年）103頁以下，牛嶋仁「廃棄物処分場設置と住民参加」法律のひろば50巻6号（1997年）29頁以下・32頁，梶山正三＝北村喜宣＝上田晃輔「〔鼎談〕住民同意を考える」いんだすと13巻7号（1998年）2頁以下参照。厚生省担当者のコメントとして，仁井正夫「厚生省は住民同意をこう考える」いんだすと13巻7号（1998年）25頁以下参照。
(19)　㈳全国産業廃棄物連合会九州・沖縄地域協議会「九州・沖縄地域における産業廃棄物処理に関する各県指導要綱について」いんだすと8巻7号（1993年）13頁以下・14頁は，鹿児島県がそうした運用をしていると指摘する。
(20)　第140回国会衆議院厚生委員会会議録32号（1997年6月4日）33頁〔小野昭雄厚生省生活衛生局答弁〕参照。
(21)　第140回国会衆議院厚生委員会会議録33号（1997年6月6日）14頁〔小野昭雄厚生省生活衛生局長答弁〕参照。
(22)　第140回国会衆議院厚生委員会会議録32号（1997年6月4日）33頁〔小野昭雄厚生省生活衛生局長答弁〕参照。
(23)　第140回国会衆議院厚生委員会会議録33号（1997年6月6日）7頁〔小野昭雄厚生省生活衛生局長答弁〕参照。
(24)　第140回国会参議院厚生委員会会議録11号（1997年4月17日）6頁〔小野昭雄厚生省生活衛生局長答弁〕参照。
(25)　第140回国会衆議院厚生委員会会議録33号（1997年6月6日）7頁〔小野昭雄厚生省生活衛生局長答弁〕参照。
(26)　岐阜県御嵩町の紛争が，あれほどまでに拡大した原因は，決定過程の不透明性と特定場所に立地する必要性・妥当性に関する議論の欠如であったようである。柳川喜郎「御嵩町に『ごみの条例』ができるまで」法学セミナー511号（1997年）18頁以下参照。
(27)　住民の不安要因の分析として，名久井敏夫ほか「産業廃棄物最終処分場

の確保における住民合意について」いんだすと11巻6号（1996）92頁以下参照。
(28) 処理施設についての環境アセスメントの内容に関しては，神山桂一「環境アセスメントと産業廃棄物処理」いんだすと12巻5号（1997年）5頁以下参照。
(29) 第140回国会衆議院厚生委員会会議録32号（1997年6月4日）5頁〔小野昭雄厚生省生活衛生局長答弁〕参照。
(30) 北村喜宣『自治体環境行政法』（良書普及会・1997年）149～50頁，同「環境影響評価条例と法律対象事業：川崎市環境影響評価条例を例にして」本書5参照。
(31) 水道水源保護条例については，「〔特集〕水源地にひろがるゴミ戦争」法学セミナー511号（1997年），梶山正三「水源保護の法と条例」環境と公害24巻4号（1995年）8頁以下，神戸秀彦「水源保護条例における立地規制に関する覚書：長野県と福島県を例に」行政社会論集〔福島大学〕8巻3号（1996年）74頁以下，曽和俊文「津市水道水源保護条例」ジュリスト増刊『新条例百選』（1992年）100頁以下，高橋秀行「伊東市の水道水源保護条例について」季刊行政管理研究54号（1991年）70頁以下，内藤悟「水道水源保護条例に関する一考察」ジュニア・リサーチ・ジャーナル3号〔北海道大学大学院法学研究科〕（1996年）205頁以下，同「条例はどう進化し伝播していくか：命をはぐくむ水の条例」法学セミナー507号（1997年）55頁以下，山本寛英「産業廃棄物処理施設の立地規制手段としての水道水源保護条例」北海道自治研究361号（1999年）9頁以下，中舎寛樹「津市及びその周辺における水道水源保護条例の制定」三重大学環境科学研究紀要13号（1989年）1頁以下参照。
(32) 北村喜宣『環境法雑記帖』（環境新聞社・1999年）39頁以下参照。
(33) この点の議論の詳細については，北村喜宣「法定受託事務と条例：産業廃棄物処理施設設置許可事務を例にして（上）（下）」自治研究75巻8号（1999年）56頁以下・同9号（1999年）97頁以下参照。
(34) 北村・前註（32）書114頁以下参照。
(35) 15条許可は，法定受託事務であるが，「法定受託事務性」の薄い「非本来的法定受託事務」であるから，「自治体の事務」である点が，より強調されるべきであり，条例制定の余地も広くなるというのが，筆者の基本的認識である。この点については，北村・前註（33）論文参照。
(36) 建設省都市局都市計画課（監修）『逐条問答都市計画法の運用〔第二次改訂版〕』（ぎょうせい・1989年）271～72頁参照。厚生省は，同意制に批判的であるが，国庫補助対象である一般廃棄物処理施設整備（廃棄物処理法22条1号）に関しては，補助が決定しても建設ができないという事態を回避したいからか，「地域住民との調整が図られる等，……着工の見込みがあるこ

と。」として，整備主体である市町村などに対して，実質的に，地元同意の取得を求めている点が注目される。厚生省生活衛生局水道環境部環境整備課長「平成9年度廃棄物処理施設整備計画書の提出について」(衛環249号・1996年9月11日)参照。同通達は，厚生省生活衛生局水道環境部環境整備課(監修)『廃棄物処理施設整備実務必携8年度』(㈳全国都市清掃会議・1996年)117頁以下に掲載されている。筆者の調査によれば，地元同意と放流同意がとれないかぎり，県から国に申請はあがらないようである。

(37) 環境影響評価法と環境影響評価条例の関係について，同様の議論をするものとして，北村・前註(14)書219頁以下参照。
(38) 第140回国会衆議院厚生委員会会議録33号(1997年6月6日)5頁[小野昭雄厚生省生活衛生局長答弁]参照。
(39) 阿部・前註(3)論文9頁も，この点を指摘する。
(40) 1997年改正法施行後，そうした影響があらわれているようである。「産廃処分場不足の恐れ 法改正で手続き厳格化 許可8件に激減」朝日新聞1999年10月28日朝刊1面参照。
(41) ダイオキシン規制についても，同様のメカニズムが働くだろう。田中勝「産業廃棄物焼却施設から排出されるダイオキシンとその対策」いんだすと12巻11号(1997年)2頁以下・5〜6頁参照。

8 環境影響評価法と民事訴訟
環境影響評価法によって民事差止訴訟はどう変わるか

［井口　博］

> **要　旨**
> 　環境影響評価法の対象となる事業についての民事差止請求訴訟は，本法の成立によって大きく影響を受ける。それは本法で規定された手続遵守の有無，本法にしたがってなされたアセスメントの内容等が差止判断の対象となることによる。本法の手続自体が履行されないという手続違反であれば原則として差止が認められることとなろうが，アセスメントの内容的瑕疵については，内容により受忍限度を超えて違法と判断されることがありうる。ただし事業者が手続的に本法のアセスメント義務を尽くしていることが適法性の抗弁事由となろう。

一　はじめに

　平成9年6月9日，環境影響評価法（以下単に「法」ともいう）が成立した。この法の成立経緯，概要等についてはすでに多くの論述がある[1]。ここでは，環境アセスメントが争点となる民事訴訟，特に差止請求において，今回の法がどのように影響するのかを中心に検討したい[2]。なお訴訟実務においては，環境行政訴訟に対する影響も重要な論点であるが，これについては，引き続き当研究会で報告する予定である。

二 環境影響評価法の成立とその性格

1 環境影響評価法の成立

1 わが国における制度としての環境影響評価は，昭和47年6月の「各種公共事業に係る環境保全対策について」という閣議了解に始まる。その後昭和50年はじめから，環境アセスメントの法制化の試みが開始され[3]，昭和58年に環境影響評価法案が国会審議されたが結局廃案となった。そこでやむなく昭和59年8月，右法案の内容を基本として，「環境影響評価の実施について」という閣議決定がなされ，この閣議決定に基づく「環境影響評価実施要綱」（閣議決定要綱）が定められた。この閣議決定以降，わが国における環境アセスメントは，国が実施し，又は免許等で関与する事業について，道路，ダム等の具体的に定められた規模の11種の事業についてはこの閣議決定要綱によるほか，個別法等で環境アセスメントが行われ，これ以外の事業については，自治体の条例あるいは自主的なアセスメントが行われてきた。

2 その後世界的に地球規模での環境保護の高まりを受けて，平成5年11月に成立した環境基本法20条において環境影響評価の推進についての規定が設けられて，法制化の動きが一挙に高まった。そして，それ以降，各種審議会，全国のブロック別ヒアリング等を経て，平成9年3月に環境影響評価法案が国会に提出され，国会審議の結果[4]，同年6月9日，本法が可決成立した[5]。

2 環境影響評価法の性格

1 **手続的性格と実体的性格**

本法の性格については，これまでの閣議決定によるアセスメントに対比して，「行政庁の設定した基準を重視する公害規制の考え方から，そ

れのみでなく，住民の関与も含め，第三者の参画の下で better decision（よりよい代替案／合理的意思決定）を検討する考え方へと転換した」[7]といえる。すなわちよりよい環境影響評価がなされるための手続という性格である。ただこの手続は，事業者の self control のための環境配慮に関する情報提供[8]というだけでなく，許認可権者が行政処分にあたって環境影響評価書及び意見に基づき環境保全の審査をしなければならない（法33条ないし37条）という行政処分に関わる実体的な面[9]もある。

2　住民参加の位置付け —— 情報提供参加と判断形成参加

そもそも国民には，憲法25条，13条に基づく環境権があり[10]。環境基本法3条において，「環境を健全で恵み豊かなものとして位置づけることが人間の健康で文化的な生活に欠くことができないものであること」「現在及び将来の世代の人間が健全で恵み豊かな環境の恵沢を享受する」ことが規定され，この規定は明文上「環境権」との文言はないものの「環境権の趣旨とするところは法案に的確に位置づけ」られている[11]。そして本法が環境基本法20条に環境影響評価制度の推進規定が置かれたことを受けて制定されたことからすると，本法は環境基本法の環境権理念も含むものと解することができよう。

ところで，住民参加としては，①権利利益防衛参加，②市民（納税者）参加，③情報提供参加，④判断形成参加という機能があるとされている[12]。本法での住民の関与は，前述のとおり，法8条（方法書に対する意見書提出），法18条（準備書についての意見書提出），法17条（準備書についての説明会開催）などにおいて認められているが，規定内容からして，この関与は単なる情報提供参加と解さざるを得ない[13]。

ただ私は，本法が環境基本法の環境権理念も含む以上，本法は，住民に対し，意見書を提出するという参加手段及び説明会という情報開示を求める参加手段を，不十分ではあるが，環境権の手続的保障として認めたものと解したい[14]。

三　環境アセスメントと民事差止訴訟

1　民事差止訴訟の根拠一般

1　差止請求の法的根拠

　これまでの民事差止訴訟の裁判例は，物権ないし人格権を根拠とし，違法性を判断するに当たって受忍限度論に立った利益衡量がなされてきた[15]。

　物権ないし人格権に基づく差止請求の要件事実は，①申立人（原告）が物権ないし人格権を有すること，②物権ないし人格権が相手方（被告）の支配下にある事情によって妨害（侵害）される蓋然性のあること（客観的妨害状態の蓋然性），③その妨害（侵害）が客観的に違法であること（客観的妨害状態の違法性）が掲げられる[16]。ただこの③については，相手方（被告）において適法性の抗弁事由となるとの主張も有力である[17]。

2　差止めの判断要素

　民事差止訴訟において争点あるいは立証の中心となるのは，②の妨害（侵害）の蓋然性要件と③の違法性要件である。前者はいわゆる被害発生の可能性であり，後者は受忍限度の具体的判断である[18][19]。

2　アセスメントと民事差止訴訟についての学説と裁判例

　1　差止請求におけるアセスメント手続の欠如ないし不備を要件事実上どのように位置付けるかについて，これまでの学説を分類すると一応次のようになろう（ただ学説の多くは要件事実的な説明をしていないので，実務上やや分かりにくい面がある。）。

　①　アセスメント手続の欠如ないし不備は，そのことだけで差止請求を認めるべきであるとする説（野村好弘「環境訴訟における受忍限度

の構造」環境法研究5号170頁（1976年），淡路剛久『公害賠償の理論（増補版）』240頁（1978年），仮処分事件につき，長谷部由起子「仮の救済における審理の構造（3）」法協102巻9号1759頁以下（1985年））
② アセスメント手続の欠如ないし不備は，これに被害発生の蓋然性があれば差止請求を認めるべきであるとする説（沢井裕『公害差止の法理』118頁（1976年），大塚直「生活妨害の差止に関する基礎的考察（八・完）」法協107巻4号576頁以下（1990年））
③ アセスメントの欠如ないし不備は，被害発生の高度の蓋然性を事実上推定させるとする説（富井利安＝伊藤護也編『公害と環境法の展開』135頁（1987年）〔富井利安執筆〕）
④ アセスメントの欠如ないし不備は，公共性を考慮する際の考慮事由としてとらえる説（牛山積『公害裁判の展開と法理論』185頁（1976年））

2 環境影響評価法成立前の今までの裁判例において，アセスメントに関わる手続の欠如ないし不備を理由として差止を認容したものは，主にごみ焼却場[20]やし尿処理場の建設工事についていくつかある。

以下，アセスメントに関連する主な裁判例を掲げる（（ ）内の○と×は差止が認容されたかどうかを表す。）。
〔1〕 大阪地岸和田支決昭47・4・1判時663号80頁（○）（和泉市火葬場建設差止仮処分事件）
住民への説明会や話合いが不十分であることを受忍限度判断の要素として判断し，建設後1年間の差止を認めた。
〔2〕 熊本地判昭50・2・27下民26巻1～4号213頁，判タ318号200頁（○）（牛深市し尿処理場工事禁止仮処分事件）
公共性の高い施設であっても，被害を受ける蓋然性が高い場合は，事前調査，住民との話し合い等が実施されなければならないとして差止を認めた。
〔3〕 東京高決昭52・4・27判タ357号249頁，判時853号46頁（×）（千葉市ごみ焼却場建設差止仮処分事件）
環境アセスメント手続をすべき法的義務はないとして差止を認めな

〔4〕 徳島地判昭52・10・7判時864号38頁（○）・高松高判昭61・11・18判自38号19頁（×）（徳島市ごみ焼却場建設禁止仮処分事件）

一審は被害発生の蓋然性があり，環境影響評価，住民同意取得手続も全く履行されていないとして差止を認めたが，二審は環境影響評価，住民同意取得手続はこれを義務付ける法律上の根拠はなく，いわゆる政治責任の問題に属するとして差止請求を却下した。

〔5〕 松山地宇和島支判昭54・3・22判時919号3頁（○）（宇和島市ごみ焼却場建設差止仮処分事件）

被害を受ける蓋然性があると認められる場合は，公共性と被害との比較衡量の上，建設を認めるべき特別な事情を検討すべきであるとし，本件では，環境アセスメント，代替地の検討，住民への説明等が不備であるとして差止を認めた。

〔6〕 広島地判昭57・3・31判時1040号26頁（○）・広島高判昭59・11・9判時1134号45頁（×）（広島市北部ごみ焼却場工事差止仮処分事件）

一審は，本件施設から汚水が浸出し，土壌及び地下水を汚染する蓋然性ありとして差止を認めたが，二審は汚染の蓋然性が疎明されていないとし，環境影響調査についてはそれがなされていないことで違法性を帯びることはないとして差止は認めなかった。

〔7〕 名古屋地判昭59・4・6判タ525号87頁，判時1115号27頁（○）・名古屋高判昭61・2・27判時1195号24頁（×）（小牧市・岩倉市ごみ焼却場操業差止仮処分事件）

一審は，ごみ焼却場から排出される公害物質の着地濃度につきなされたアセスメントは不十分であり，このまま操業すれば被害発生の蓋然性が高いとして差止を認めたが，二審はこれをいずれも否定し，差止を認めなかった。

〔8〕 奈良地五条支判昭61・3・27判時1200号114頁（○）（西吉野村ごみ埋め立て処分場建設差止仮処分事件）

一般廃棄物の最終処分場計画地の水脈とつながっている可能性のある生活用水に影響が生じる可能性が大きいとし，また住民に十分な事前の

三 環境アセスメントと民事差止訴訟

説明もなされていなかったとして，公害紛争処理法に基づく奈良県公害審査会による調停終了までの間の工事停止を命じた。

〔9〕 大津地判平元・3・8判時1307号24頁（×）（琵琶湖総合開発計画工事差止事件）

琵琶湖総合開発による琵琶湖の水質汚濁について受忍限度を超える侵害発生の高度の蓋然性はないとし，アセスメントの不実施のみでは差止は認められないとした。

〔10〕 大阪高決平元・6・1判時1322号85頁（×）（食肉流通センター建設続行禁止仮処分事件）

と畜場について県と住民団体との間での「合意に達するまでの間建設工事を中止する」との合意に基づき，話し合いに必要な期間を約8か月としてそれまでの間の工事続行禁止を認めた。

〔11〕 水戸地判平2・7・31判時1368号110頁（×）（火葬場建設工事差止事件）

火葬場予定地選定の経過等に照らし，受忍限度内として差止を認めなかった。

〔12〕 大阪地判平3・6・6判時1429号85頁（×）（松原市ごみ焼却場建設差止事件）

原告らの反対態度が強く話合いが進まないこと，アセスメントに法律上の根拠がないことを理由に差止請求を棄却した。

〔13〕 仙台地決平4・2・28判時1429号109頁（○）（産業廃棄物処分場操業差止仮処分事件）

安定型処分場の操業による飲用水汚染は形式的に法令を遵守するのみでは防止できないとして差止を認めた。

〔14〕 広島高決平4・9・9判時1436号38頁（×）（バイパス道路建設差止仮処分事件）

原審は受忍限度内として差止を認めず，二審では本件は道路区域決定という行政処分を争うものであり仮処分は不適法とした。

〔15〕 浦和地決平5・9・3判時1477号96頁（×）（ゴルフ場建設工事差止仮処分事件

仮処分申立人にアセスメント，説明会開催が知らされずに手続が終

わったとしても，アセスメントの内容不備，不当は直ちに差止請求の根拠とならないとした。

〔16〕 岐阜地判平6・7・20判時1508号29頁（×）（長良川河口堰建設差止請求事件）

環境アセスメントが適正に実施されていることを差止請求を認めない根拠とした。

〔17〕 大分地決平7・2・20判時1534号104頁（○）（野津原廃棄物処分場操業差止仮処分事件）

安定型産業廃棄物埋立処分場の操業による飲用水への有害物質混入の蓋然性判断において，関係住民の同意を得ていないことなど処分場設置者の環境保全関連法規の遵守状況に問題はあるとしながらも，環境影響評価書等によれば有害物質混入の蓋然性は高いとはいえないとした。しかし処分場の操業により申請人の敷地が崩壊する高度の蓋然性があるとして差止を認めた。

〔18〕 熊本地決平7・10・31判タ903号24頁（×）（山鹿市産業廃棄物処分場建設差止仮処分申立事件）（×）

安定型産業廃棄物埋立処分場の操業による水質汚染，土壌汚染等の主張に対し，法令上，下水汚染対策や浸出水対策は規定されておらず，安定5品目以外の汚染物質搬入可能性及び有害物質混入の可能性があるとし，生活用水等が汚染される高度の蓋然性があるため「しゃ水工」を設置しない限り処分場の建設等をしてはならないとした。

3 差止請求におけるアセスメントの位置付けについて

差止請求については，①申立人（原告）が物権（人格権・環境権）を有すること，②相手方（被告）による客観的妨害（侵害）状態の適法性（侵害が受忍限度内であること）を抗弁として主張，立証すべきであると考える[21]。ただ環境被害に対する差止請求などでは，申立人（原告）が②の被害立証，ことに因果関係を立証することは困難であるから，被害発生の抽象的蓋然性を申立人が立証すれば②が事実上推認され，相手方（被告）において②の不存在を立証すべき必要が生じると解すべきであろう。この点については前掲〔4〕，〔6〕の広島地判，〔13〕もこの考

え方をとる。

そこでアセスメントの欠如，不備の位置付けであるが，これは受忍限度の要素の一つと考えられるので，適正なアセスメントを実施したことは適法性の抗弁を構成する事由となろう。ただしこの事実を人格権ないし環境権の手続的保障であると性格付ける前記の立場からすると，申立人がアセスメントの欠如，不備を立証することにより，その妨害が客観的に違法であることが事実上推認されるものとすべきであろう。他方，相手方が十分なアセスメントを実施しておれば，抗弁事由を裏付ける有力を事実となろう。

四　環境影響評価法と民事差止訴訟

1　民事差止訴訟はどのように変わるのか

1　環境影響評価法上の義務違反と差止要素

それでは，本法が成立施行された場合，これまでの民事差止訴訟はどのように変わるだろうか。まず本法は，行政上の義務としてのアセスメントであり，民事上の義務としてのアセスメントを規定したものとはいえないであろう。そうすると本法の義務違反がどの程度民事上の差止における差止要素として考慮されるかということになる。

2　環境影響評価法における手続的瑕疵と内容的瑕疵

法違反としては，環境影響評価法における手続的瑕疵と内容的瑕疵が考えられる。手続的瑕疵というのは，事業者が法に定められた手続自体を実施しない場合であり，内容的瑕疵というのは評価書の内容や説明での説明において誤りがあったり，環境影響についてのデータ改ざんや重要な事実が隠蔽された場合などである。

まず法に定められた手続自体が実施されていない場合は，前記学説①によれば当然に差止が認められることになるが，それ以外の学説でも，

環境影響評価の調査に直接かかわる手続を履行していない場合は，差止が認められるということになろう。

　環境影響評価法上の手続が履行さえていても，アセスメントの内容が不備，不当という内容的瑕疵はどうか。おそらく訴訟実務においては，この場合が最も問題となるであろう。この場合は，例えば騒音の規制基準内であっても，具体的事情により受忍限度の基準とならないとされるなど[22]，公法上の規制の範囲内であっても受忍限度を超えるという判断がされる可能性がある。そうすると環境影響評価法上に規定された手続を履行しても，瑕疵の内容により，受忍限度を超えて違法という判断がなされることもありうるということになる。

　他方，事業者が法令上のアセスメント義務を尽くした場合は，本法成立以前より強い適法性の抗弁事由となろう。

3　法の対象とならない事業についての影響

　例えば，ゴルフ場やスキー場など今回事業種に含まれなかった事業，含まれるとしても規模が満たないとして対象とならない事業などについて，なおアセスメントの欠如，不備を差止の根拠とした請求はなされるであろう。この場合，一つの考え方は，法によって対象とならず，またスクリーニングによって対象とならなかった事業については，法律上のアセスメント義務は存在しないのであるから，その欠如，不備はこれまで以上に差止の根拠とならないというものであろう。しかし本法は，あくまで公法としてアセスメントの手続を規定しており，民事上はなお個別にアセスメント義務は存在するというべきであるから，これまでどおりアセスメントの欠如，不備は違法性を裏付ける事実となると考える。

2　これからの民事差止訴訟のあり方

　すでに予定枚数がなくなったので，これからの環境に関する民事差止訴訟のあり方について簡単に触れることにする。

1 根拠となる権利の検討

もともと民事差止訴訟は，個人の権利に対する救済として構成されてきたから，この構成に止まる限り裁判所として認めうる環境保護の根拠となる権利としては人格権までしか広げられない。環境基本法，本法など少しずつではあるが，環境権の根拠となり得る実定法が定められてきた。特に訴訟実務において，環境権的構成が今後も工夫検討されるべきである。

2 差止請求における「公共性」概念の再構築

差止請求における「公共性」は，これまで多くの議論がなされてきた[23]。しかし今日の環境問題の深刻化は，環境に配慮することが，「公共性」そのものとなっている。今後「公共性」の内容，これまでの経済的要素の重視から環境的要素も含めて検討する必要があるのではないだろうか。

3 差止内容について

民事差止仮処分については，一時的差止や一部差止が事案に応じて定められてよい[24]。差止が裁判上「壁」にならないよう裁判所は柔軟に対応すべきであろう[25]。

4 新民訴法における制度の利用

環境アセスメントに関する民事訴訟において，新民訴で新設あるいは拡張された当事者照会制度，文書提出命令制度，大規模訴訟の特則などを具体的にどのように利用するかも訴訟実務上重要な問題である。今後民事差止請求でも活用が期待される[26]。

5 独立した環境訴訟の必要性

環境影響評価法では，環境アセスメント自体を争う手段は設けられなかった。しかし紛争の解決のためには必要であり，将来の重要な課題である[27]。わが国ほど環境に関する争訟手段が限られている国はないと思われる。早急な立法的解決が必要である[28]。

8 環境影響評価法と民事訴訟

(1) 環境影響評価法成立の経緯，内容については，環境庁環境影響評価制度推進室編者『速報環境影響評価法』(1997年)，特集「環境影響評価法」ジュリ1115号25頁以下(1997年)の各論文など参照。
(2) 平成9年6月14日に行われた環境法政策学会において，松村弓彦杏林大学助教授による「環境影響評価と民事訴訟」という報告があり，本稿も大変参考にさせていただいた。
(3) 環境庁企画構成局環境影響評価課編『日本の環境アセスメント』(平成8年) に詳しい。
(4) 日弁連は早い時期からアセスメント法案を提言しており，その内容は現在でも参照に値する（その経緯につき，山村恒年『自然保護の法と戦略（第二版)』319頁(1994年))。
(5) わが国の委員会では，アメリカのそれと異なり，法解釈の指針となるほどの審議がほとんどなされていない。議員スタッフに法曹資格のあるものがもっと加わらないと事態は改善されないであろう。

なお衆議院，参議院における本法の委員会審議において，野党である新進党，民主党，太陽党，共産党等から修正案が提出され，衆議院における野党修正案の委員会採決は賛成11，反対13であり，社民党がもし野党案に賛成すれば採択されるという状況にあった（清水文雄「環境アセスメント法制化は時代の期待に適うか」環境と公害27巻1号51頁(1997年))。結局，野党修正案は否決されたが，その内容は衆議院の附帯決議に盛り込まれた。例えば参議院における附帯決議（平成9年6月6日参議院環境特別委員会) 第4項では，準備書，評価書における複数案の検討状況等を明確かつ分かりやすく記載されるようにすることとされており，施行後このような運用が求められている。
(6) 本法案の審議には，多くの自然環境NPOがよりよい法案の作成を求めるべく働きかけたが，結局，本法は政府案どおり成立した。

これは，まだ規模の未熟な環境NPOに，いわゆるロビイングための力や戦略ができていないこともあったが，この法案成立過程でかなりの環境NPOから，今回はとにかく成立させることが必要であるから政府案に賛成すべきであるとの意見が聞かれた。この「ないよりまし」か，「ない方がまし」かは法案検討の際に多く生じる問題である。本法については法案審議のタイミングや政治状況もからみ判断は難しいが，成立にもう少し時間をかけてもよかったのではないかというのが，ごく一部ではあるが本法の立法過程に関わった筆者の感想である。ただこれまでいくつかの正当からアセスメント法案が提案されていたことからすれば，環境影響評価法を議員立法でできなかったのかという思いはなお残る。
(7) 大塚直「環境影響評価法の法的評価」判タ959号17頁以下（平成10年) [本書1] 参照。

（8）　北村喜宣「自治体環境影響評価条例の目的の再認識」産業と環境26巻8号48頁（1997年）。
（9）　北村・前掲注（8）48頁。
（10）　ただ政府は，憲法25条に由来するとの答弁をしている（例えば1993年3月22日参議院予算委員会における内閣法制局長官答弁）。
（11）　環境庁企画調整局企画調整課編者『環境基本法の解説』99頁（1994年）。
（12）　山村・前掲（4）382頁以下。
（13）　大久保規子「環境アセスメントにおける参加の現状と課題」環境と公害27巻1号34頁（1997年）は，環境影響評価法における住民参加について，決定参加が導入すべき必要性を論じられている。私も全く同感である。
（14）　淡路剛久「環境影響評価法の法的評価」ジュリ1115号55頁以下（1997年）は，本法の住民参加は環境情報形成参加という側面に尽きるものではなく，事業の実施が住民の環境権に深くかかわることによって生ずるアセスメント手続への住民の参加権のあらわれでもあると解釈すべきであるとされている。
（15）　拙稿「受忍限度論と環境権」山口和男編『現代民事裁判の課題⑦損害賠償』311頁（1989年）では，受忍限度論の利益衡量を批判する形で登場した環境権説が，人格権説に基づく受忍限度についての利益衡量を深化させることに寄与し，これにより人格権説の外延が実質的に拡張して，環境権説との距離が狭まっていることを指摘した。しかし，なお人格権には包摂されない環境権の存在がある（原島重義「開発の差止請求」九大法政研究46巻2～4号286頁（1980年））。
（16）　物権的妨害排除請求権が成立するためには，物権の円満な状態に対する客観的に違法な侵害がなければならないとされているが（我妻＝有泉『物権法』266頁），この侵害の適法性は抗弁として権利発生障害事由となるとされている（大江忠『要件事実民法（上）』352頁（1995年））。
（17）　東孝行『公害訴訟の理論と実務』99頁，横浜弁護士会編『差止訴訟の法理と実務』〔鈴木繁次弁護士執筆〕41頁（1994年）参照。
（18）　大塚教授は，昭和61年4月までに公刊された裁判例につき，差止を被害の種類・程度，地域性，法令・行政基準違反，加害者の防止措置・代替措置，加害者の主観的態様，公共性，手続上の瑕疵などの11の要素に分けて考察されている（大塚直「生活妨害の差止に関する裁判例の分析（1）ないし（4）」判タ645号18頁，646号28頁，647号14頁，650号29頁（1987，1988年））。
（19）　なお差止訴訟一般について，佐藤彰一「差止裁判の到達点と課題」淡路＝寺西編『公害環境法理論の新たな展開』153頁（1997年）は，「差止訴訟ほど裁判所のガードが固い訴訟類型は，ほかに例がない。」といわれる。川嶋四郎「大規模公害・環境訴訟における差止的救済の審理構造に関する予備的考察」判タ889号35頁（1995年）も，「損害賠償から差止へ」が未だ訴訟上の

スローガンに留まるとして,個人の尊厳などの憲法的価値の回復のための救済手段としての差止的救済の必要性を論じておられる。
(20) 廃棄物処分場に関する裁判例については,潮見一雄「処分場の建設,操業をめぐる民事裁判例の分析」ジュリ1055号39頁(1994年)参照。また最近の裁判例について,未公刊のものも含めて検討しているものとして村田正人=日置雅晴「資源循環型社会を求めて——改正法の積み残したものと判例の動向」自正48巻12号114頁以下(1997年)参照。なお,ごく最近の裁判例として,甲府地決平10・2・25(未公刊)は,操業によりダイオキシンなど有害物質による住民の健康被害のおそれがないとはいえないとして産廃処分場(中間処理施設)の差止を認容した。
(21) 同旨,藤田耕三ほか編『不動産訴訟の実務(第四版)』〔浜崎恭生執筆〕282頁(1992年)。ただ,②の「妨害(侵害)」が社会通念上軽微であって「妨害(侵害)」と評価できないものは,主張事態失当となることがあろう。その意味では「妨害(侵害)」の判断に,受忍限度的判断が入ってくる可能性はある。
(22) 大阪地判昭62・10・2判時1272号111頁など多くある。
(23) 最近のものでまとまったものとして,北村喜宣「環境法における公共性」公法研究54号201頁(1992年)参照。
(24) 「暫定的仮処分」の提言について,安西明子「集団拡散利益紛争における仮処分の可能性」中京法学30巻4号83頁以下。「部分的差止」につき,小賀野晶一「小松基地事件」公害環境判例百選・別冊ジュリ126号122頁(1994年)。
(25) 私はある林道工事差止を求める住民訴訟の原告代理人となっているが,ラウンドテーブルでの準備手続において原告本人は,はじめて被告の自治体と議論の場ができたという。裁判所に期待されていることは,単に議論の場を持つことではなく,その先の実質的な紛争解決機能ではあるが,行政レベルでは議論の場すら設定されないが故に,裁判に期待するというのが実情である。
(26) 鈴木堯博「公害訴訟と新民訴法の課題」自正48巻11号84頁(1997年)参照。
(27) 淡路剛久「公害環境訴訟の課題」淡路=寺西編『公害環境法理論の新たな展開』80頁(1997年)参照。
(28) 民事差止が期待できないとして住民訴訟で争っても,財務行為という限界がある。このような訴訟手段が極めて限定されていることに,わが国の司法の立ち遅れを痛感する。

あとがき

　1993年（平成5年）11月に環境基本法が成立し，さらに1997年6月に環境影響評価法が成立した。これによって日本の環境法制は確実に新たなステージに入った。地球環境時代を迎え，これからの環境問題に対する国民の関心もますます高まっていくだろう。また，1999年7月，地方分権一括法が制定され，2000年4月から地方分権時代に突入した。行政過程における市民参加・情報公開の拡大などの動きも急展開している。こうした状況の下で，現行の環境諸法が行政実務，裁判実務においてどのような問題点があるのか，また今後の環境保全型社会に対し，環境法システムはどうあるべきなのか。議論を深めるべき点は数多い。

　このような中で，1997年，環境法のとりわけ裁判実務と行政実務について幅広く検討する目的で，研究者・弁護士・行政担当者らをメンバーにした環境法実務研究会が設立された。この会の設立メンバーは，畠山武道（北海道大学），大塚直（学習院大学），北村喜宣（横浜国立大学），井口博（東京ゆまにて法律事務所）であるが，現在はこれに研究者・法曹実務家・行政担当者らが加わり，研究会を開催している。そして，各報告は判例タイムズに「環境法実務研究」として随時連載している（判例タイムズ954号以下）。報告テーマとしては，環境影響評価法，環境行政手続，環境訴訟，廃棄物処理，大気汚染，森林保護等広範にわたっている。

　このたび，当研究会で報告・討論された研究論文の中から特に環境影響評価法に関するものを選んで出版することとなった。これらの研究の知見が，ことに今後の環境法の実務上実践的に活用され，さらにはこれからの環境立法にあたっても参照されることを期待したい。なお，本書編集にあたり信山社の村岡命衛さんに大変お世話になった。また，判例タイムズ社には本書をまとめることに快諾をいただいた。記して謝意を表したい。

　　2000年8月

　　　　　　　　　　　　　　　　　　編　者　　畠山武道
　　　　　　　　　　　　　　　　　　　　　　　井口　博

索　引

あ　行

アセス回避 …………………………… *144*
アセス回避事業 ……………………… *154*
アセス逃れ事業 ……………………… *144*
意見書 ………………………… *118, 166, 169*
意見提出者の範囲 ……………………… *95*
一種事業 ………………………… *140, 142*
埋立・干拓 ……………………………… *71*
埋立免許 ………………………………… *74*
上乗せ ………………………………… *105*
SEA …………………………………… *12*
SPM（浮遊粒子状物質） ……………… *55*
NEPA …………………………………… *2, 3*
横断条項 ………………… *31, 120, 132, 135*

か　行

閣議アセス ………………… *9, 22, 25, 128*
閣議決定に基づくアセス制度 ……… *128*
合衆国連邦最高裁 ……………………… *5*
神奈川県環境影響評価条例 ………… *133*
川崎市環境影響評価条例 …………… *146*
川崎市環境影響評価に関する条例
　……………………………………… *146*
環境アセスメント条例 …………… *162, 168*
環境アセスメント要綱 …………… *162, 168*
環境影響評価等技術指針 ………… *149, 150*
環境影響評価条例 ……………………… *9*
環境影響評価法 ………………… *3, 49, 127*
環境監査 ………………………………… *23*
環境管理計画 ……………… *119, 120, 176*
環境基本計画 ……… *24, 38, 129, 130, 143*
環境基本条例 …………………… *127, 129*
環境基本法 ………………… *4, 37, 129*
環境権 ………………………………… *189*
環境諮問委員会（CEQ） ……………… *3*

環境の保全のための措置 ……………… *52*
環境配慮 ……………………………… *175*
　──機能 …………………… *134, 135*
　──義務 …………………………… *24, 37*
　──計画書 ………………… *151, 153*
　──指針 …………………………… *88*
　──指針への適合義務 …………… *92*
関係地域 ………………………………… *96*
機関委任事務 …………………… *63, 177*
技術アセスメント ……………………… *17*
基準達成型からの転換 ………………… *54*
規制法型 ……………………………… *116*
岐阜県環境影響評価条例 …………… *146*
基本的事項（環境影響評価法に
　基づく） ……………………………… *48*
客観性 ………………………… *31, 35, 40*
旧環境影響評価法案 …………………… *22*
行政指導 ……………………………… *123*
許認可 ………………………………… *24, 43*
　──への反映 ………………………… *31*
計画アセスメント ……… *56, 68, 70, 131*
計画段階手続 ………………………… *151*
計画段階への環境評価手続き ………… *52*
見解書 …………… *107, 114, 116, 122, 169*
公衆参加 ………………………… *30, 35*
公聴会 ……… *30, 40, 98, 99, 106, 114, 115,*
　　　　　　116, 117, 122, 136, 166
公表 …………………………………… *115*
神戸市環境影響評価等に関する
　条例 ………………………………… *133*
公有水面埋立法 ………………… *70, 128*
港湾計画 ………………………… *71, 102*
　──アセスメント …………………… *59*
港湾法 ………………………………… *128*
国家環境政策法（NEPA） ……………… *2*
コミュニケーション機能 …… *134, 135*

索 引

さ 行

再意見書 …………………… 134
再見解書 …………………… 127
再実地 …………… 100, 101, 107, 109
差止請求 …………………… 190
産業廃棄物最終処分場 ……………… 161
産業廃棄物処理行政に対する
　不信感 …………………… 165
産業廃棄物処理計画 ……………… 178
事業アセスメント ………… 10, 15, 128
事業者の見解 ………………… 64
事後措置 …………………… 11
事後調査 …… 98, 99, 100, 108, 133, 145, 153
　——手続 ………………… 138
　——報告書 ……………… 96
自主アセス ………………… 156
指針（環境影響評価法に基づく）…… 48
事前配慮 …………… 104, 130, 133
事前配慮指針 ……………… 133
実体アセス ………………… 4, 6
自治事務 …………………… 177
社会アセスメント ……………… 17
周知計画 …………………… 96
住民参加 …………… 11, 13, 15, 135
受忍限度 …………………… 190
主務省令（環境影響評価法に基づく）…… 48
準規制法型 ………………… 116
準備書 …………………… 118
　——手続 ………………… 138
準用事業 …………………… 90
情報開示 …………………… 175
情報公開 …………………… 11
情報提供参加 ………… 30, 40, 135, 136
条例制定権の範囲と限界 ………… 121
条例との関係 …………… 56, 81, 83
人格権 …………………… 195
審査会 …………… 106, 116, 136

審査会等 …………………… 98
審査書 …………………… 118, 136
信頼関係 …………………… 177
スクリーニング …… 26, 64, 72, 90, 98, 103, 105, 109, 131, 138, 142, 143, 145
　——判定基準 ……………… 142
スコーピング …… 26, 28, 30, 33, 73, 92, 94, 118, 131, 138, 143, 145, 175, 176
スソ切り ………………… 176
生活環境影響調査 ……………… 162
政策アセスメント …………… 37, 41
政策・計画・施策（PPP）………… 12
説明会 …………… 117, 166, 167
セルフコントロール …………… 61
戦略的環境アセスメント ……… 41, 109
戦略的環境影響評価 …………… 131
　——制度 ………………… 56
早期段階からの環境配慮 ………… 52
総合環境アセスメント制度 ……… 56
総合的アセスメント …………… 42
訴訟 …………………… 57

た・な行

第三者機関 …………… 30, 33, 40, 136
対象事業 ……………… 26, 36, 141
　——の設定 ……………… 138
　——の判定 ……………… 138
代替案 …… 28, 33, 36, 41, 52, 64, 93, 115
妥当性 …………………… 177
地域環境管理計画 …… 49, 88, 104, 109, 115, 116, 130, 131, 149, 150
　——適合性テスト …………… 50
　——の事前提示制 …………… 50
地区別環境保全水準 …………… 149
地球サミット ………………… 128
千葉市環境影響評価条例 ………… 130
地方自治の本旨 ………… 80, 87, 89
地方分権 …………………… 123
適正な配慮 ………………… 165
手続アセス ………………… 4

索引

手続再実施 …………………… 98
手続の合併実施 ……………… 92
手続法型 ……………………… 116
適法性の抗弁 ………………… 195
同意 …………………………… 171
　　──書 …………………… 170
　　──制 …………………… 179
道路事業に係る指針（建設省令第10号）………………………… 55
都市計画 ……………………… 101
　　──特例 ………………… 59
　　──法 …………………… 59
土地利用計画 ………………… 176
都道府県都市計画審議会 …… 67
二種事業 ……………… 140, 142

は・ま行

廃棄物処理法 ………………… 161
廃棄物の最終処分場に係る評価項目に係る調査，予測及び評価を合理的に行うための手法を選定するための指針（厚生省令第61号）………… 51
ハザードアセスメント ……… 17
判定基準 ……………………… 142
評価項目 …………… 27, 36, 38, 42, 55

──の横出し ………………… 104
評価手法 ……………………… 11
比例原則 …………… 121, 122, 165, 176
フォローアップ ……… 11, 33, 36, 42
複合開発事業 ……………… 144, 155
複数案 ………………………… 28
　　──の比較検討 ………… 54
不信感 …………………… 173, 179
附帯決議 ……………………… 53
浮遊粒子状物質 ……………… 55
法対象事業 …………………… 137
法と自治体制度との関係 …… 127
方法書 ……………… 26, 64, 73, 138
方法書手続 …………………… 138
法律先占（専占）論 ………… 79
ミティゲーション … 5, 7, 17, 28, 29, 33, 36, 37, 44

や・ら行

役割分担論 …………………… 119
要件事実 ……………………… 190
横出し項目 …………………… 154
リスクアセスメント ………… 17
立地の妥当性 ………………… 175
立法者の意思 ………………… 57

編者執筆者紹介（執筆順）

畠山 武道（はたけやまたけみち）　北海道大学大学院法学研究科教授
大塚 直（おおつかただし）　学習院大学法学部教授
小幡 雅男（おばたまさお）　参議院国土・環境委員会調査室上席調査員
倉阪 秀史（くらさかひでふみ）　千葉大学法経学部助教授
北村 喜宣（きたむらよしのぶ）　横浜国立大学経済学部助教授
田中 充（たなかみつる）　川崎市環境企画室主幹
井口 博（いぐちひろし）　弁護士［東京ゆまにて法律事務所］

環境影響評価法実務

初版第1刷　2000年10月10日

編　者
畠山武道　井口　博

発行者
袖山　貴＝村岡俞衛

発行所
信山社出版株式会社
113-0033　東京都文京区本郷 6-2-9-102
TEL 03-3818-1017　FAX 03-3818-0344

印刷・製本　松澤印刷株式会社

PRINTED IN JAPAN Ⓒ 畠山武道・井口博, 2000
ISBN4-7972-5232-4　C3032

信山社

磯崎博司 編
国際環境法 A5判 本体 2900円

山村恒年 編
環境NGO A5判 本体 2900円

日弁連公害対策・環境保全委員会 編
野生生物の保護はなぜ必要か A5判 本体 2700円

野村好弘＝小賀野晶一 編
人口法学のすすめ A5判 本体 3800円

阿部泰隆＝中村正久 編
湖の環境と法 A5判 本体 6200円

阿部泰隆＝水野武夫 編
環境法学の生成と未来 A5判 本体 13000円

山村恒年 編
市民のための行政訴訟制度改革 A5判 本体 2400円

山村恒年＝関根孝道 編
自然の権利 A5判 本体 2816円

ダニエル・ロルフ 著・関根孝道 訳
米国種の保存法概説 A5判 本体 5000円

浅野直人 著
環境影響評価の制度と法 A5判 本体 2600円

松尾浩也＝塩野 宏 編
立法の平易化 A5判 本体 3000円

伊藤博義 編
雇用形態の多様化と労働法 A5判 本体 11000円

三木義一 著
受益者負担制度の法的研究 A5判 本体 5800円
＊日本不動産学会著作賞受賞／藤田賞受賞＊